煤泥水及选矿尾水
微细矿物性质与处理

李宏亮 著

北 京
冶金工业出版社
2019

内 容 提 要

本书共 10 章，介绍了煤泥水及选矿尾水处理的现状、单颗粒及粒群选矿尾水中各种矿物组分的表面性质，分析了较难脱水的蒙脱石在水溶液中剥离的行为、机理及剥离的抑制，阐述了两种有助于固液分离的方法，同时，还介绍了外电场作用下加速尾水沉降单颗粒动力学及加速煤泥水沉降粒群模拟。

本书可供高等院校矿物加工工程、材料工程专业的师生阅读，也可供煤泥水及选矿尾水处理领域科研、生产企业的工程技术人员及管理人员等参考。

图书在版编目(CIP)数据

煤泥水及选矿尾水微细矿物性质与处理/李宏亮著. —
北京：冶金工业出版社，2019.9
ISBN 978-7-5024-8280-0

Ⅰ.①煤… Ⅱ.①李… Ⅲ.①煤泥水处理—研究
Ⅳ.①TD94

中国版本图书馆 CIP 数据核字（2019）第 223926 号

出 版 人 谭学余
地　　址　北京市东城区嵩祝院北巷 39 号　邮编　100009　电话　(010)64027926
网　　址　www.cnmip.com.cn　电子信箱　yjcbs@cnmip.com.cn
责任编辑　王梦梦　美术编辑　郑小利　版式设计　禹　蕊
责任校对　郭惠兰　责任印制　李玉山
ISBN 978-7-5024-8280-0
冶金工业出版社出版发行；各地新华书店经销；北京虎彩文化传播有限公司印刷
2019 年 9 月第 1 版，2019 年 9 月第 1 次印刷
169mm×239mm；8.25 印张；160 千字；118 页
49.00 元

冶金工业出版社　投稿电话　(010)64027932　投稿信箱　tougao@cnmip.com.cn
冶金工业出版社营销中心　电话　(010)64044283　传真　(010)64027893
冶金工业出版社天猫旗舰店　yjgycbs.tmall.com
（本书如有印装质量问题，本社营销中心负责退换）

序 1

矿业是关系国民经济命脉的重要物质基础，是保障国家经济实力、国防实力、劳动就业和社会稳定等的重要支柱。我国作为矿产资源消费大国，近年来，在复杂低品位矿产资源的开发与利用上取得了长足的进步，同时，作为煤炭生产及消费的第一大国，我国在煤炭研究领域，特别是洁净煤技术领域也取得了很大进步。

随着国民经济的快速发展，我国矿产资源尤其是煤炭需求量剧增，例如，长期以来，煤炭占据我国能源消费总量的60%以上，对我国国民经济建设发挥着重要作用。与此同时，经济建设的持续快速发展也必然需要矿产资源的大量开发。目前煤炭的大量利用与环境保护之间的矛盾十分凸显，为减少煤炭使用过程带来的污染，亟需大力发展洁净煤技术，而选煤技术是既高效又经济的洁净煤技术，我国目前以湿法选煤技术为主，但是在机械化开采的广泛应用及煤层矿物组分较复杂的情况下，湿法选煤过程中产生的煤泥水泥化严重，产生大量高泥化煤泥水，导致煤泥水处理异常困难。在矿产资源领域也存在类似的问题，随着富矿资源的日趋萎缩枯竭，复杂低品位矿产资源的利用带来的选矿尾水处理问题也愈发凸显。

针对上述问题，本书介绍了煤泥水及选矿尾水中主要微细矿物颗粒的分散性质，并以煤泥水及选矿尾水中的主要矿物为例，介绍了两种加速固液分离的方法。此外，通过外加电场及电絮凝的作用，对煤泥水进行沉降研究；通过添加表面活性剂对蒙脱石端面进行疏水化改性，使得水分子无法进入蒙脱石层间，从而提高选矿尾水中主要矿物蒙脱石的脱水效率。同时对煤泥水等选矿废水中主要微细矿物石英、高岭石、蒙脱石等进行深入的基础研究，研究成果丰富了煤泥水等选矿废水基础理论，也为选矿尾水的固液分离提供了新的解决思路。

2019 年 8 月

序 2

　　黏土矿物是关系当今国家经济建设、科学发展、技术实力的重要基础，其应用广泛，涉及上百个行业，在国民经济的方方面面起到了举足轻重的作用。蒙脱石是黏土矿物中的重要矿种，决定了黏土领域发展的程度，并对其他种类黏土矿物的发展有着积极的推动作用。作为黏土矿物的重要消费国，我国的蒙脱石开发利用得到了重大发展，特别是在产品利用规模上取得了较大进步。

　　自改革开放以来，我国蒙脱石产业发展迅速，蒙脱石产量居世界前列，作为一种传统的纳米材料，蒙脱石在经济建设、新材料科学乃至军工国防中发挥着重大作用。同时，国内蒙脱石产业中高端产品的缺乏及产业链方面造成的产品精细化程度低下，使得蒙脱石产业以及黏土行业对国外资源的依存程度逐步增加，严重影响了我国黏土及相关行业的良性发展。

　　我国蒙脱石矿产产量巨大，不同的矿山矿石成矿性质差异较大，需要对不同性质蒙脱石合理利用，以使我国的蒙脱石产业形成从精细加工到特种利用的成熟高效的产业布局。由于蒙脱石矿产赋存的复杂性，随着最终产品要求日益提高，对传统的地质、采矿、选矿、加工、材料制备、环境等行业提出了挑战。国外十分扎实有序的黏土行业也给我国黏土行业带来较大冲击，在某些高端利用及分类利用领域甚至形成了垄断。针对我国的黏土行业特点，迫切需要发展基于我国黏土资源特点的新理念、新理论、新技术。有序而精细化的产业方向需要扎实的理论及技术功底，蒙脱石自身性质复杂，针对蒙脱石的基础科学研究是发展扎实技术的关键。本书以煤泥水及选矿尾水中赋存的微细粒蒙脱石为出发点，介绍了作者关于蒙脱石在水溶液中剥离的相关研究工作，这对提高我国蒙脱石行业的技术发展及自主创新能力，促进蒙脱石加工过程实现高效、精细化、无污染有一定的理论意义，在蒙脱石高端产业利用以及确保我国黏土行业可持续发展方面具有一定的推动作用。

武汉理工大学教授、墨西哥科学院院士

2019 年 8 月

前　　言

选矿厂固液分离作业包含沉降、脱水和干燥等过程，是基于微细粒表面化学的工程过程。现今的沉降过程可以是通过凝聚或者絮凝单独作用，也可以是通过二者共同综合作用，脱水过程是通过助滤剂等介入进行的加压过滤脱水过程，干燥作用特别是黏土矿物的干燥是一个利用热能进行干燥的高能耗过程。选矿厂微细颗粒的表面性质对脱水起到至关重要的作用。探索颗粒表面的电性及水化特性是凝聚与絮凝的基础；絮团的亲疏水性、密实程度、结构，也决定着后续过滤脱水作业的效果；颗粒表面的亲疏水性及粒群形成的结构，决定了热力干燥的能耗。

本书是作者在总结近十年来研究成果的基础上撰写的，介绍了以单颗粒及粒群为研究对象的选矿尾水中各种矿物组分的表面性质，并对其中较难脱水的蒙脱石矿物进行了剥离方面的深入分析，并提出了两种有助于固液分离的方法，同时，书中还对黏土矿物颗粒的基本概念、性质等进行了详细介绍，希望有助于读者学习和理解。本书可作为矿物加工专业尾水处理方面的专业文献供研究生及同行交流使用，也可作为黏土材料方面的专业书籍供研究生及相关行业从业人员阅读参考。

本书的研究工作获得了国家自然科学基金项目（51804213、51820105006、51474167、51874011、51674174、51604189）资助，以

及山西省自然科学基金项目（201803D421104，201801D221347、201601D011056）资助，在此一并表示感谢。另外还要感谢李剑波硕士、常明硕士、王雷硕士、陈天星博士、陈茹霞博士等人为本书所做的贡献。

　　由于时间仓促和作者水平有限，书中不足之处敬请读者批评指正。

作　者

2019 年 7 月

目　　录

1 煤泥水及选矿尾水处理概述

1.1 煤泥水及选矿尾水处理的重要意义

淡水资源作为国家经济发展的命脉，涉及各行各业和千家万户，我国水资源人均占有量仅为 2200m³，为世界平均水平的 25% 左右，我国是全世界 13 个贫水国家之一。一方面我国缺水较为严重，全国每年缺水近 400 亿立方米，每年因缺水导致粮食减产超过 28 亿千克，城镇、工业缺水近 60 亿立方米。另一方面，我国水资源污染较严重，在污水处理方面及控制污染物排放方面还处在较低的水平。并且，我国水资源的利用效率较低，特别是在工业用水方面，工业万元增加值平均用水量为 218m³，是工业发达国家的 5~10 倍，水的重复利用率较低，仅为 50%，而工业发达国家为 85%。在选煤及选矿业中，虽然对原煤及原矿进行洗选加工会带来较高的经济效益及环境效益，但是，实际原煤及原矿洗选加工过程中由于工艺流程的设置与煤炭及矿石自身性质之间的矛盾，有时也会带来水资源污染的负面影响，特别是在广为应用的湿法选煤过程中，水作为煤炭及矿石的主要分选介质，原煤及原矿中的有用组分及脉石组分均会受到水的溶解和冲击作用，造成洗选过程中泥化出微细颗粒，在洗选后，这些颗粒较稳定地悬浮在水中，形成大量的工业废水——煤泥水/选矿尾水。以选煤为例，通常状况下，选煤厂每入选 1t 原煤会使用 3~5m³ 水，并且大量的水在洗煤生产过程中被污染成为煤泥水。

选煤及选矿厂的这些尾水，需要处理成澄清的生产用循环水，因此需要有效地沉降澄清。若处理不当，则会带来一些负面影响，其中主要问题包括：（1）循环水浓度过高，不利于水介质重复利用，严重时导致停工；（2）现有化学药剂处理方法难以对各种矿物都有效，且药剂价格昂贵，降低了经济效益；（3）将高悬浮物尾水直接排放，不符合国家的能源政策和环保政策，污染环境，浪费资源；（4）目前煤泥水处理系统烦琐庞大，占用了大量耕地面积，与国家力保 18 亿亩耕地面积相悖。

1.2 尾水特性及沉降的难点

1.2.1 悬浮颗粒难沉降的本质

若不对尾水进行有效处理，会带来诸多负面影响，但是这些微细颗粒往往无法自发沉降，原因主要在于其中分散的矿物颗粒粒度极细，且难以聚集形成粒度较粗的颗粒。例如，尾水中的主要黏土矿物之一蒙脱石，在湿法分选过程中易泥化，形成微细颗粒，DLVO 理论表明，这些微细颗粒分散的主要原因是表面双电层之间的排斥作用，使得煤泥微细颗粒在水中稳定分散。

　　由于尾水中矿物颗粒自身的晶格作用及其与水介质之间的差异性，颗粒表面会发生解离、电离、晶格取代等，使得矿物表面带负电，如图 1-1 所示。由于颗粒荷电，形成了颗粒表面的最内一层的电位，其外是反号离子（阳离子）的静电吸附及非惰性离子（例如 Ca^{2+}）的特性吸附，形成斯特恩层，斯特恩层表面形成的电位为斯特恩电位，该负电位会对水介质中的反号离子（阳离子）形成静电吸引，从而形成双电层。当颗粒与水介质之间发生相对运动时，颗粒会带动部分周围被吸附的离子共同运动，形成滑动界面：滑动面以内的离子固定在矿物

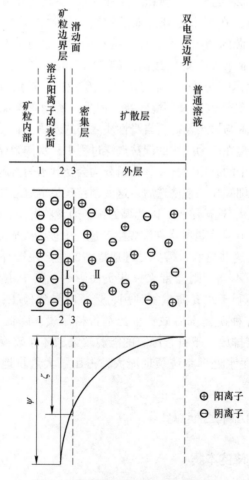

图 1-1　煤泥颗粒表面双电层示意图

表面，滑动面以外的离子不随颗粒运动，可分为密集层和扩散层。其中，矿物固体表面的电位叫作表面电位，用 ψ 表示。滑动界面的电位叫作 Zeta 电位，用 ζ 表示。其中 Zeta 电位能够表征颗粒表面带电情况，是影响颗粒表面性质的重要参数。

Zeta 电位使得煤泥颗粒表面带有负电而互相排斥，导致微细颗粒难以聚集沉降，并形成类似胶体的分散体系。另外，因为颗粒表面的荷电作用及水化作用，改变了颗粒周围水分子的排布形式，形成一层水化膜，不但进一步阻碍颗粒互相接触，而且颗粒由于受到四面八方水分子的吸引作用，增大了煤泥颗粒在水中溶解的稳定性，难以聚团沉降。

1.2.2 当今尾水处理的难点

尾水难以自然沉降，需要介入人为的方法帮助其沉降澄清。尾水中悬浮着大量表面荷负电的煤泥颗粒，这些颗粒在静电斥力的作用下具有较强的稳定性，为降低颗粒间的表面斥力，可利用当今广泛使用的化学药剂处理技术，即通过添加混凝药剂来降低颗粒表面的荷电量，加大颗粒间的团聚力，使得颗粒在团聚力及重力的作用下压缩沉降。但随着煤炭及矿产资源的开采利用，原煤及原矿中带来的微细无用矿物含量的增加，使得尾水泥化程度提高，造成尾水性质更加复杂，传统的化学药剂处理方法难以有效地沉降这些尾水，目前造成尾水难以混凝沉降的原因主要有以下 4 方面：

（1）微细矿物种类及含量繁多，泥化严重。

（2）尾水中荷电颗粒含量增多，稳定性增强。

（3）微细颗粒荷电量增大，同样的药剂添加量难以有效地压缩双电层，难以实现团聚沉降。

（4）一旦煤泥水或其他选矿尾水中赋存蒙脱石矿物，固液分离过程变得十分困难。

1.3 蒙脱石对固液分离的危害

与 DLVO 理论不同，赋存蒙脱石的选矿尾水沉降过程可分为 3 种情形：分散情形、网络情形及半分散半网络情形。蒙脱石在水溶液中会剥离成为微细的片层，这些片层之间相互作用形成网络，造成固液分离的困难，少量的蒙脱石矿物就会造成煤泥水难沉降澄清，因此本书对蒙脱石的性质进行了介绍。

1.3.1 黏土矿物与蒙脱石

蒙脱石是黏土矿物的一种。需要提前说明的是，联合命名委员会（Joint Nomenclature Commitee，JNC）提出推荐使用"黏土矿物"一词在晶体结构的层面对该类矿物进行精确的表述,"黏土"一词则作为能够体现该类矿物宏观性质的表述。因此,自然界中的黏土指的是混杂着一些其他矿物的混合物,而黏土矿物则是该类矿物的抽象定义。但是,因为"黏土矿物"一词的冗长,在众多的论文中"黏土矿物"有时经常被表述为"黏土"。本书中将使用"黏土矿物"在晶体层面进行探讨。

对于自然界的黏土,"黏土"一词在不同的国家及语言中被灌输了科学的含义。在不同的行业中,黏土也蕴含着不同的含义,在工业应用中,赋存黏土是一种价格不高的大宗原材料;对于地质工作者来说,黏土是能够在沉积相或者火山喷发形成的常见的第二大矿产;对于化学家或矿物学家来说,黏土是一种在原子水平形成的矿物结构。在宏观上讲,长久以来黏土被定义为一个临界的粒度范围内的矿物,不同的学科以及学者对黏土临界粒度的定义也不同,从而黏土的粒度经常被不同的研究领域划分为不同的范围,例如,黏土学家定义的实际的黏土组分是指最大粒度小于 $2\mu m$ 的细粒组分;对于胶体研究领域,黏土的粒度上限为 $1\mu m$;对于工程研究领域,黏土的粒度上限则为 $4\mu m$。对于黏土来说,很难确定一个最佳粒度上限的准确值,即便是颗粒必须要足够小,足以能够在水溶液中形成稳定分散的胶体分散系。根据斯托克斯法则,不同粒度的颗粒在水溶液中的沉降速度是不同的,细粒级在实验室里通过离心方法就能够得到。

JNC 根据黏土的性质以及由此而产生的相关用途,得到了黏土矿物最重要的性质:在水的作用下具备塑性,干燥条件下变硬。在这一性质中,黏土矿物在水中的行为起到了关键作用。这其中包括在宏观尺度、介观尺度、纳米尺度和分子尺度上的作用。其中,介观尺度、纳米尺度和分子尺度的界限如图 1-2 所示。

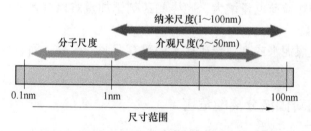

图 1-2　介观尺度、纳米尺度和分子尺度的界限

市场上能够买到的黏土矿物主要包括两种:(1)黏土原矿,这种矿物中存在着较多的杂质矿物,例如碳酸盐、方石英、长石、石英等,以及其他的非晶相组分,例如有机物或者氢氧化物;(2)通过破碎、沉降或者其他加工方法获得的较纯净黏土。另外,在有些应用中,相较于从自然界提纯的黏土,人工合成的黏土更具优势。人工合成的黏土会有极高的纯度,但是,成本也较自然提纯高。

黏土中的主要成分为黏土矿物,作为一种抽象的定义,黏土矿物的最大特征是它的结构是层状的，是通过众多的二维结构层叠起来的无机物。在这些层的内部，每个原子之间是通过较强的共价键结合起来的，而在层与层之间，每个相邻的单元层是通过较弱的力互相联系起来的。这也意味着这些层能够较容易地分离，相邻的层之间的空间通常称为层间。

1.3.2 黏土矿物的种类

通过层荷电的不同，黏土矿物通常可以细分为 3 种：

（1）电中性层的黏土矿物。例如叶蜡石、滑石和高岭石。层与层之间通过范德华力或者氢键力结合。

（2）层荷负电的黏土矿物。这种黏土矿物最常见的是层状硅酸盐矿物，例如蒙脱石。因为矿物结构在整体上是电中性的，因此，层所荷的负电是需要通过等电荷量的层间存在的阳离子来中和，黏土矿物的层与层之间则主要是通过层间离子与层之间的静电力结合。由此其经常被称之为"阳离子黏土"。

（3）层荷正电的黏土矿物。例如最常见的水滑石。这种黏土矿物经常是在实验室中合成的层状双氢氧化物。与荷负电性层的黏土矿物类似，这种黏土矿物的层间通过阴离子进行电荷配恒。因此，经常被称之为"阴离子黏土"（LDH）。

需要注意的是，应当经常把黏土矿物表述为层状的氧化物或者氢氧化物，而不是层状硅酸盐或页硅酸盐。实际上很多黏土矿物在他们的化学式中并不含有硅元素，例如 LDH，因此也就不含有硅酸盐，即使是阳离子黏土，所谓的硅酸盐也使得层结构变得难以解释。

1.3.3 蒙脱石的概念

作为黏土矿物的一种，与黏土/黏土矿物类似，蒙脱石一词也经常被误用。在汉语中，smectites 和 montmorillonite 都被翻译成了蒙脱石，而实际上，smectites 应该被称作蒙脱石族，而 montmorillonite 则是该族矿物中的一种。蒙脱石族矿物是层结构为 2∶1 型的一类矿物，这类矿物的层取代量为 0.2~0.6 每半个晶胞，蒙脱石族矿物有以下 3 种分类方式：（1）二八面体/三八面体型；（2）八面体化学组成；（3）层荷电的密度或位置。其中以二八面体/三八面体分类的方式如下：

（1）二八面体型蒙脱石族矿物：

蒙脱石：$(M_y^+ \cdot nH_2O)(Al_{2-y}^{3+}Mg_y^{2+})Si_4^{4+}O_{10}(OH)_2$

贝得石：$(M_x^+ \cdot nH_2O)Al_2^{3+}(Si_{4-x}^{4+}Al_x^{3+})O_{10}(OH)_2$

绿脱石：$(M_x^+ \cdot nH_2O)Fe_2^{3+}(Si_{4-x}^{4+}Al_x^{3+})O_{10}(OH)_2$

铬蒙脱石：$(M_x^+ \cdot nH_2O)Cr_2^{3+}(Si_{4-x}^{4+}Al_x^{3+})O_{10}(OH)_2$

（2）三八面体型蒙脱石族矿物：

水辉石（锂蒙脱石）：$(M_y^+ \cdot nH_2O)(Mg_{3-y}^{2+}Li_y^+)Si^{4+}O_{10}(OH)_2$

皂石：$(M_x^+ \cdot nH_2O)Mg_3^{2+}(Si_{4-x}^{4+}Al_x^{3+})O_{10}(OH)_2$

锌皂石（锌蒙脱石）：$(M_x^+ \cdot nH_2O)Zn_3^{2+}(Si_{4-x}^{4+}Al_x^{3+})O_{10}(OH)_2$

其中，二八面体型蒙脱石族矿物主要是其中的八面体层被三价的离子取代，三八面体型的蒙脱石族矿物是其中的八面体层被二价的离子取代，二八面体蒙脱石族矿物的通式为：

$$(M_{x+y}^+ \cdot nH_2O)(R_{2-y}^{3+}R_y^{2+})(Si_{4-x}Al_x)O_{10}(OH)_2$$

三八面体蒙脱石族矿物的通式为：

$$(M_{x+y}^+ \cdot nH_2O)(R_{3-y}^{2+}R_y^+)(Si_{4-x}Al_x)O_{10}(OH)_2$$

其中 x、y 分别为四面体及八面体上的层的荷电；R^{2+} 及 R^{3+} 分别为八面体上的二价及三价取代；M^+ 是层间离子。

层的 R^{3+} 对 Si^{4+} 的取代使得层带上了负电，形成蒙脱石 $2:1$ 型层的荷电量。通常，Al^{3+}、Fe^{3+}、Fe^{2+}、Mg^{2+}、Ni^{2+}、Zn^{2+} 及 Li^+ 在八面体形成取代。对于二八面体蒙脱石族矿物，例如蒙脱石矿物，二价离子对三价离子的取代形成层的负电。这些"$2:1$"型层通过静电作用吸引配恒的阳离子。在实际矿物中，蒙脱石族矿物族群十分复杂，通常会同时包含二八面体及三八面体，在二者的协同作用下形成层的荷电。因此，蒙脱石矿物通常情况下指其理想的矿物组分。

在实际矿物中，二八面体蒙脱石族矿物主要包含 3 种，其中两种是 Al 取代较多的类型，另外一种是 Fe 取代较多的类型。在八面体取代占主导地位的情况下，这种矿物可以被称为蒙脱石（montmorillonite），层间的阳离子以 Na 及 Ca 居多。在众多的文献中提到的蒙脱石（montmorillonite）一词通常指能够膨胀的 $2:1$ 型所有黏土，这是不合适的。实际上，蒙脱石族矿物（smectites）是一类矿物，而蒙脱石矿物（montmorillonite）仅仅是其中的一种。如果取代主要是四面体 Si 被 Al 取代，这种矿物就是贝德石，理想型化学组成为 $Na_{0.33}nH_2OAl_2(Al_{0.33}Si_{3.67})O_{10}(OH)_2$；如果取代主要是铝氧八面体的铝被铁取代，那么这种矿物就是绿脱石，理想型化学组成为 $Fe_2^{3+}(Al_{0.33}Si_{3.67})O_{10}(OH)_2$。

在蒙脱石基础上的三八面体取代矿物被称之为水辉石，与蒙脱石不同的是，水辉石中某些八面体一侧存在 Li^+，并参与形成层的荷电。皂石是在贝德石的基础上衍生的一种矿物，在贝德石的八面体层中某些铝取代了镁形成正电，造成晶层整体荷负电降低。

Zvyagin 和 Pinsker 等人研究发现，蒙脱石的晶体结构属于 $C2/m$ 层对称型结构，其中 $a=0.517nm$，$b=0.889nm$，$c=10.3nm$，$\beta=99°30'$。通过透射电镜电子衍射图谱分析，Beermann 及 Brockamp（2005）等人研究发现，同一样品能够形成不同的层与层堆叠的模式，其中形成的反式空缺结构符合 $C2/m$ 对称，顺式空

缺结构形成 *C*2 对称结构。图 1-3 显示了蒙脱石矿物的结构，作为一种 2∶1 型黏土矿物，其中的一层八面体层 $[AlO_3(OH)_3]^{6-}$ 被夹在两层四面体层 $[SiO_4]^{4-}$ 中间，因为层内取代作用，层与层之间会吸引正离子来进行配恒，配恒离子主要有 K^+、Na^+、Ca^{2+} 和 Mg^{2+}，从而分别形成钾基蒙脱石、钠基蒙脱石、钙基蒙脱石及镁基蒙脱石。

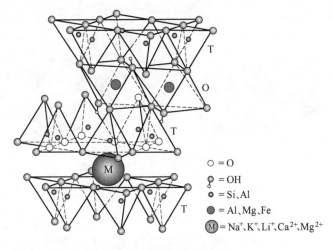

图 1-3　蒙脱石晶体结构

1.3.4　剥层、剥离与膨胀

剥层与剥离的区别：剥层（delamination）与剥离（exfoliation）这两个名词，经常出现在文献中，概念经常被混淆。世界黏土学家 Bergaya 以及 Lagaly 在最近的文献中对二者进行了严格的定义：在水溶液中，水分子进入两个连续的层之间，使得层间距增大，矿物片层被撑开，同时两个相邻的片层之间还保持一定的相互作用，这种情况下层的撑开作用称之为剥层，此时在层与层的互相作用下，晶体的朝向受到影响；当蒙脱石矿物的层间距进一步增大，使得剥离的层之间不存在相互之间的作用，这种现象称之为剥离，此时蒙脱石片层在水溶液中的运动互相独立。

1.3.5　蒙脱石的剥离

蒙脱石的 2∶1 型层通过较弱的范德华力及静电作用力相互吸引堆叠起来形成蒙脱石矿物，其中的静电作用力为层间离子与层的吸引力。在水溶液中，水分子很容易进入蒙脱石的层间，撑开层间距并形成层的剥离，如图 1-4 所示。当蒙脱石层间离子都是碱金属离子的时候，蒙脱石矿物能够轻易地剥离为单层，特别是层间离子为 Li^+ 和 Na^+ 时，溶液体系的盐浓度较低（对于 Na^+ 来说小于 $0.2mol/L$）

的情况下。通过透射电子显微镜以及 X 射线技术能够测定剥离后的蒙脱石矿物颗粒的层数以及厚度，随着剥离的发生，层间的配恒阳离子暴露在外并在硅氧四面体层周围形成扩散双电层结构，在双电层的作用下，这些剥离的层之间没有较强的相互作用并独立地在水溶液中形成分散。这一现象已经被小角度中子散射技术（SANS）所证实。

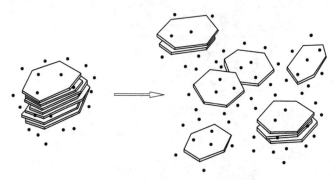

图 1-4　碱金属基蒙脱石在水溶液中的剥离

Laurier L. Schramm 和 Kwak 等人早在 1982 年就对蒙脱石的剥离进行了较为系统地研究，图 1-5 显示随着钙基蒙脱石的层间钙离子被其他种类的阳离子逐步取代之后，单个蒙脱石矿物颗粒含有的层数与锂基蒙脱石单个蒙脱石矿物颗粒所含

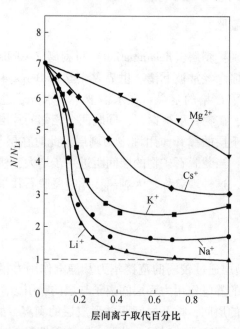

图 1-5　随着层间钙离子逐步被 Li^+、Na^+、K^+、Cs^+、和 Mg^{2+}
取代后单个蒙脱石颗粒所含的相对层数 N/N_{Li}（$N_{Li} = 1$）

层数的比（锂基蒙脱石单个蒙脱石矿物颗粒所含层数为1）。研究结果表明，钙基蒙脱石每个颗粒平均所含层数为7，而当碱金属离子取代钙离子后，每个颗粒平均所含层数降到了1~3。说明层间离子对蒙脱石矿物的剥离作用影响显著。

剥离是蒙脱石在水溶液中分散最重要的性质，决定了蒙脱石在水溶液中的粒度，关系到其在实际应用中的方方面面，例如，作为吸附剂使用时，影响到蒙脱石吸附有害污染物的能力；在其他应用中，例如化妆品、药物、建材、填料、钻井液以及催化剂等领域，剥离都会对其性能产生相应的影响。另一方面，蒙脱石也经常在矿业领域作为脉石存在，例如斑岩铜矿、低品位的镍矿、铂族矿物中，在这些矿物中赋存的蒙脱石经过湿法选矿在水溶液中发生剥离，形成极微细的片层在水溶液中稳定分散，造成浮选及尾矿水处理的困难，包括浮选的选择性下降、更高的混凝药剂耗量及过滤困难。因此，研究蒙脱石的剥离对众多工业过程有很重要的意义，如今很多研究都聚焦于蒙脱石的剥离作用。本书分4点对此进行讨论。

1.3.5.1　晶体膨胀、渗透膨胀与 Brownian 膨胀的区别

当蒙脱石浸入水中后，水分子会进入蒙脱石的层间，首先，层间将会发生水化，然后，蒙脱石的层间距将会被撑开，使得蒙脱石发生膨胀，随着层间距增大，蒙脱石矿物层间引力将会减小，2:1型层将会发生剥层及剥离。能够观测到的蒙脱石的膨胀分为3种：（1）晶体膨胀；（2）渗透膨胀；（3）Brownian膨胀。晶体膨胀是指蒙脱石矿物由于层间水化作用造成的膨胀，膨胀后晶体（001）面的 d 值为1~2.2nm，与晶体膨胀对应的是蒙脱石的剥层阶段。渗透膨胀是指随着膨胀的进一步加剧，层间的互相作用变为扩散双电层之间的相互作用，此时的（001）面的 d 值为大于2.2nm，与之对应的是剥离的蒙脱石片层形成独立分散的阶段。相关的研究表明，颗粒之间的距离与体系的盐浓度相关，例如，当体系为Na盐的情况下，盐浓度 $c<0.2$mol/L 时，颗粒之间的距离与 $2/\sqrt{c}$ 呈线性降低；当盐浓度 $c>0.2$mol/L，片层发生重新排列，层间距从4nm降低至2nm。Brownian膨胀是指蒙脱石颗粒之间相互作用形成的膨胀。

1.3.5.2　晶体膨胀与剥离之间的关系

晶体膨胀是蒙脱石矿物层间距发生撑开的开端，与蒙脱石矿物的剥层与剥离有紧密的联系，晶体膨胀受到了较广泛的研究关注。然而，众多的研究显示，不同基的蒙脱石在晶体膨胀过程中显示了类似的层间距，这种类似的晶体膨胀过程与先前所述的剥离情况不一致，如1.4.2节蒙脱石的剥离所述，不同基的蒙脱石在水溶液中剥离的顺序为锂基蒙脱石>钠基蒙脱石>铯基蒙脱石>镁基蒙脱石>钙基蒙脱石。通过上述内容可知，先前的研究对于蒙脱石矿物的晶体膨胀机理与剥离现象之间存在着差异，因此，蒙脱石矿物的晶体膨胀机理还需进一步的深入研

究，本书在后续的章节中介绍了作者针对蒙脱石晶体膨胀的研究内容。

1.3.5.3　层间水化作用与剥离之间的关系

在蒙脱石膨胀的过程中，层间的水化作用对剥离起到了决定性作用。最近几年，众多的研究聚焦于蒙脱石的层间水化作用。一些研究者推测蒙脱石层间水化作用主要包括以下 3 个方面：（1）层间离子水化；（2）层与水分子和层间水化离子的作用；（3）水分子在蒙脱石-水体系中的作用。更进一步的，Sposito 等人发现，在层的氧原子与水分子之间还存在着氢键作用，这种氢键作用在亲水的氧原子层与水之间比较强烈。但是，其他的一些学者指出，蒙脱石表面的硅氧烷表面是非极性的，是很难与极性的水分子发生作用的，并且在界面周边，水分子互相之间会形成很紧密的氢键。通过上述内容可知，先前的研究对于蒙脱石矿物的层间水化作用还不十分明确，关于蒙脱石矿物层间离子水化及硅氧烷层与水分子相互作用存在争论。因此，关于蒙脱石矿物在水溶液中的层间水化作用还需进一步深入研究，本书在后续的章节中将对蒙脱石矿物的层间水化作用进行介绍。

蒙脱石与水分子之间的作用还不十分明确，主要是因为水分子及蒙脱石片层十分微小，难以通过试验的方法获得准确的测试。加之蒙脱石-水的分散体系性质复杂，在现有手段下，单纯通过水分子与蒙脱石的宏观试验很难达到获得细节信息的目的，很有必要引入非极性的有机分子作为参考进行比较研究。理想晶型的蒙脱石（001）表面为硅氧烷表面，硅氧烷表面为非极性表面，被认为具有吸附非极性及半极性有机溶剂的能力。实际上，Güven 等人通过试验得出，非极性分子是有能力将蒙脱石表面吸附的水分子取代下来的。先前的研究结果也表明，蒙脱石表面荷电较低的部位对于中性的有机污染物有较强的吸附作用。最近的研究也发现，那些具有较多中性硅氧烷表面的黏土矿物对非极性溶剂具有很高的亲附作用，例如对于二噁英的吸附。然而，有机溶剂对蒙脱石矿物的剥离作用如何，有机溶剂在蒙脱石矿物层间的作用过程是怎样的，这些问题尚不明确，因此，如需将其作为水分子与蒙脱石相互作用的比较研究，还需要进一步的探索，本书将介绍这部分研究工作的成果。

1.3.5.4　蒙脱石剥离的手段

为了研究蒙脱石在水溶液中的性质，有必要对蒙脱石进行完全剥离，完全剥离的蒙脱石在工业上作为纳米材料具有广泛的用途。尽管蒙脱石矿物能够在水溶液中轻易发生剥离，但完全剥离还是很难实现的。先前的研究发现，只有当蒙脱石矿物层间离子全部被 Na^+ 或者 Li^+ 取代后，蒙脱石才能发生完全剥离。但是，实现钠离子的完全取代是很困难的，因为层间离子取代是一个耗时耗能的过程。为了达到完全的剥离，很多剥离的方法被提出。Zhang 等人发现，阴离子表面活性剂能够通过超声的方法进入到钙基蒙脱石的层间促使蒙脱石剥离，但是通过这种方法获得的剥离的蒙脱石难以剥离到单片层。Chivrac 等人研究发现，将阳离子淀粉作为插层剂，能够使得蒙脱石同时发生插层和剥离，但是缺点是药剂消耗较高。Wang 等人通过水热反应促使了蒙脱石的剥离，剥离的片层平均厚度达到了 20nm。Aouada 等人将溶液插层及熔融过程相结合促进蒙脱石矿物剥离，获得了均匀透明的未完全剥离的蒙脱石纳米片层。除钠基及锂基蒙脱石以外，其他种类的蒙脱石片层难以发生完全剥离，原因可能是蒙脱石的层间吸引作用较强，为此，本书比较了两种基本的剥离方法（超声与剪切）对蒙脱石矿物剥离的作用。

1.4 煤泥水及选矿尾水沉降新技术初探

在机械化开采的广泛应用及煤层矿物组分较复杂的情况下，湿法选煤过程中产生的煤泥水泥化严重，导致煤泥水处理困难。针对微细粒难以沉降澄清的问题，提出了外电场作用下煤泥水沉降技术。对于赋存蒙脱石矿物的煤泥水，因为剥离的片层形成的网络结构固液分离十分困难，因此提出了通过蒙脱石端面改性防止剥离的方法，即通过机械研磨作用将药剂吸附到蒙脱石矿物端面，将端面转化为疏水，使得水分子无法进入蒙脱石层间，防止水溶液中蒙脱石剥离，这促进了选矿尾水固液分离技术的发展。

1.4.1 外电场加速煤泥水沉降概述

在现有技术处理煤泥水存在诸多问题背景下，提出了外电场辅助煤泥水沉降技术。煤泥水中微细颗粒表面带负电是煤泥水的重要特性之一，对于单颗粒情形，在外加电场的作用下，煤泥颗粒会受到电场力的作用，通过调整电场方向，设定电场力方向向下，煤泥颗粒就会受到向下的电场沉降力的作用，增大煤泥颗粒的沉降速度，提高煤泥水的澄清效率。对于多颗粒情形，在外电场通过后，由于电极溶出的铁离子及其羟基络合产物会加速煤泥水的沉降，必要时通过添加 pH 值调整剂和少量的阴离子型絮凝剂来加大煤泥的荷电量，最大限度地加大煤泥颗粒在静电场下沉降的速度。

当今化学药剂处理煤泥水方法是通过向煤泥水中添加化学药剂，减小颗粒表面荷电量，使煤泥颗粒发生团聚，利用颗粒团自身重力作用实现沉降处理，该方法不适于处理泥化严重的煤泥水。外电场加速煤泥水沉降技术提出新的煤泥水处理思路，即利用煤泥颗粒表面荷电特性，通过添加外电场，使颗粒在向下的电场力的作用下加速沉降，该技术比较充分地利用了煤泥颗粒的表面荷电特性，方法新颖。

1.4.2 蒙脱石在水中剥离的抑制概述

在湿法选矿工业中，蒙脱石矿物常以脉石的形式存在于尾矿水中，这些剥离的片层粒度极其微细，在水溶液中形成稳定分散，并与水分子有一定的亲和作用，即便在很少量的蒙脱石作用下，也会造成固液分离的困难。目前针对尾矿水中微细颗粒的处理技术主要是混凝沉降技术。但是，混凝沉降技术无法有效地处理这些蒙脱石微细片层。随着水质硬度的提高，蒙脱石片层在水溶液中会形成网络结构，在添加少量凝聚剂后，赋存蒙脱石矿物的尾矿水沉降呈现结构沉降，这种结构沉降严重影响了尾矿水的沉降速度及压缩区高度。为防止结构沉降的出现，作者提出了一种防止蒙脱石剥离的方法，本书介绍了作者通过将两种表面活性剂吸附到蒙脱石端面，使得端面形成疏水来抑制蒙脱石矿物在水溶液中的剥离。

当钠基蒙脱石颗粒浸入水中时，层间将发生水合作用，层间距被撑开，使得蒙脱石在水溶液中剥离成微细的片层。且发现非离子极性有机分子可以取代吸附在蒙脱石外表面的水，使得蒙脱石颗粒表面可以变得疏水，失去吸附水分子的能力。十二烷基硫酸钠（SDS）是一种阴离子表面活性剂，分子式为 $CH_3(CH_2)_{11}SO_4Na$。十八烷基三甲基氯化铵（1831）是一种阳离子表面活性剂，分子式为 $C_{21}H_{46}NCl$。通过将两种表面活性剂预先吸附在蒙脱石的边缘上，能够在蒙脱石浸入到水中之前将亲水的边缘表面转变为疏水，从而防止水进入到蒙脱石的层间，防止钠基蒙脱石在水中剥离为细颗粒。抑制蒙脱石在水溶液中的剥离将能够提高原矿含有蒙脱石的湿法冶金、磁选的固液分离效果，在此过程中，表面活性剂在钠基蒙脱石上的吸附对湿法冶金、磁选、固液分离等流程不会造成影响，因此，抑制蒙脱石在水溶液中的剥离对于微细粒的固液分离具有重要意义。

1.5　国内外相关研究

1.5.1　胶体颗粒分散

对于胶体颗粒在水中的分散及电泳方面的研究，研究者大多为国外学者，早在 1924 年 Stern 等人就已给出了胶粒的 Gouy-Chapmann-Stern 双电层模型，在 Stern 之后，约 1947 年，Grchorme 认为阳离子符合 Gouy 模型的吸附方式吸附，并计算了 ψ_s 和 q_2；在 1954 年，Devanathan 提出了 Stern 模型中的几个物理量特别是电容相联系的方程式；1963 年，Bockris、Devanathan、Muller 三人提出了双电层精细结构的 BDM 模型；Huckel 给出了胶粒在外电场运动作用下的 v-ζ 关系，由于该方程考虑条件较少，且是通过点电荷的近似得到相关结果，Smoluchowski 及 Henry 等人对该方程进行了补充扩展，得到了平板型及球型模型；李东颖等人从煤泥颗粒 Zeta 电位的角度分析了煤泥颗粒的性质，煤泥颗粒 Zeta 电位显负电性，颗粒间由于 Zeta 电位作用互相排斥，形成胶体分散体系，使得煤泥水难以沉降；朱龙等人给出了测算 Zeta 电位的方法，以某煤泥水为例，利用电泳管，对煤泥水 Zeta 电位进行了测定。

Mustafa M. B. 等人通过研究发现腐殖酸引起酰胺化物颗粒电性改变的现象：在 0.01mol/LNaCl 环境下，颗粒的 EM 值随腐殖酸浓度的增加而逐渐变小，由正值变为零，然后成为负值。

Omar El-Gholabzouri 等人研究了高浓度与低浓度的胶体分散模型，并指出了 OWT、LNT、OPT、DST 等理论之间的关系，OWT 理论为更直截了当的求解，DST 理论使用于较薄的双电层情况，OPT 和 DST 由于使用了相同的参数，所以得到的结果也是一致的。

Hiroyuki OhshimaU 为了推导沉降电势与电泳淌度之间的关系，建立了一个胶体的分散体系模型，并且得出该关系来源于胶体沉降的热力学不可逆过程，得到了胶体的电导率与无胶粒的电解液的电导率之间的关系，其中的相关参数为胶粒的 κ 值。

Sandor Barany 研究了强场电泳的非线性现象，因为电场对双电层的诱导作用，降低颗粒对金属离子的吸附，引起电泳速度与电场的三次方成比例，再加上颗粒双电层的分散状态，导致一些快速电泳速度会受到颗粒粒度的影响，他根据做的试验发现颗粒的电泳与 Smoluchowski 理论并不一致，但是与 Dukhin-Mishchuk 理论一致。

José Luis Amorós 等人认为，胶体颗粒的体积分数对其胶体的动电学性能有影响，Smoluchowsky Zeta 电位理论能够对凝聚剂及 pH 值等进行修正，并且静电排斥理论能够很好地解释硅酸盐黏土的分散稳定性。

C. Chassagne 等人对不同金属离子及 pH 值对高岭土的动电性质进行了研究，研究发现，通过加入 KCl、CaCl$_2$、MgCl$_2$ 可以使高岭土的 Zeta 电位变号，通过加入 NaCl 可以使得高岭土的 Zeta 电位有所升高，并研究了 pH 值对 Zeta 电势的影响，发现随 pH 值的升高，Zeta 电势在不同的盐浓度水平下大体上均是单调降低的。

E. Ofir 等人研究了点凝聚中颗粒粒度对 Zeta 电位的影响，并发现随着粒度的增大，颗粒的 Zeta 电位的绝对值会增大，这主要是由于点凝聚使黏土颗粒周围吸附的正负离子发生作用，而这又是 Zeta 电位的绝对值增大的原因。

Delgado 等人指出，因为在测量 Zeta 电势时受到其他因素的影响，例如双电层的厚度，可能会导致不同厚度的颗粒即便 Zeta 电势是相同的，其电泳淌度也会不同，这对我们的工作有着很重要的指引。

Megías-Alguacil 等人也认为，胶体粒子表面溶剂化层的形成对胶粒的电泳淌度和 Zeta 电位有着重要的影响。由于溶剂化层的形成，粒子周围产生了新的结构，使得靠近粒子的液体介电常数与体相中有所不同，导致了具有相同表面电荷密度、相同大小的胶体粒子具有不同电泳淌度；再如，Vorwerg 等人通过考察不同粒度的胶体，在相同的表面电荷密度及电解质情况下，其电泳淌度也是不同的，电泳淌度会随着颗粒粒度的增大而增大，这是松弛效应所致的，这也是 κ 值的体现；Gholabzouri 指出在浓的悬浮体中，计算 Zeta 电位时必须考虑粒子间的相互作用对电泳淌度的影响。

Chen Huiying 等人研究了金属氧化物微粒在非极性油介质中的双向电泳，认为在 50Hz 的频率下，其分离效果最好，在细胞的分离方面，Chen Huiying 以酵母和鸡血红细胞为对象研究了生物细胞的介电效应，并发现两种细胞的双向电泳现象，给出了两种细胞的最佳分离条件。

1.5.2　煤泥水处理

在湿法选煤生产过程中，为将产生的煤泥水有效地沉降下来，获得澄清的生产用循环水，实现绿色环保的选煤生产过程，煤泥水处理技术受到了较广泛的关注，国内外对煤泥水处理均做过一些研究。

国内在煤泥水沉降澄清领域进行较多研究的机构有中国矿业大学、太原理工大学、安徽理工大学、东北大学、黑龙江科技大学等。与本书内容相关的研究主要有以下几个方面：

（1）在煤泥水中微细颗粒的沉降澄清特性方面的研究主要有：张明青、刘炯天等人研究了水质硬度对煤泥水中微细煤泥颗粒分散行为的影响，并进行了通过调整煤泥水水质硬度来实现煤泥微细颗粒聚集沉降的研究；朱金波等人进行了煤的泥化特性及煤泥水的絮凝沉降试验研究；曹学章等人通过沉降试验对张家港矿务局煤泥水的药剂制度进行了优化，研究指出先加明矾再加聚丙烯酰胺沉降煤泥水，其上清液透光率及沉降速度（70cm/min 左右）均较好，但是大部分的药剂厂商生产药剂需要大量的铁盐及铝盐，这会大大提高煤泥水沉降的成本。

（2）电化学法进行煤泥水处理方面主要有：董宪姝等人采用电解的方法消除煤泥颗粒表面电荷，发现采用较合适的电解质及电流条件可使煤泥水的沉降速度提高 3cm/min，压缩双电层达到煤泥水絮凝沉降的目的；陈洪砚等人阐述了电絮凝法处理煤泥水的基本原理，通过自制的电絮凝煤泥水处理装置，对铁法矿务局的煤泥水进行了絮凝沉降试验，吨煤泥水电耗小于 $1kW \cdot h$。

（3）在煤泥水中矿物质对煤泥水沉降的影响方面的研究主要有：刘炯天等人研究了不同矿物掺杂下的煤泥水沉降机理，并提出了蒙脱石网架及其对煤泥颗粒的包裹。

国外关于煤泥水处理的研究报道较少，俄罗斯、美国、德国、英国、澳大利亚、乌克兰、南非、波兰等一些产煤大国基本上实现了煤泥水的零排放。Brian 等人研究了高岭石表面电荷特点；Blanco 等人采用红外技术研究了黏土矿物表面酸性吸附与解吸的特点；Duran 等人研究了黏土矿物悬浮液体系的流变性和电动电位；Karlsson 等人研究了在不同溶液中氧化硅表面荷电特性；Sabah 等人进行选煤厂浮选尾煤絮凝沉降的研究。

1.5.3 外电场处理水

随着水资源短缺问题越发严重，污水处理新技术的研发受到广泛关注，当前，人们已在外电场水处理方面取得了积极进展，前人的研究能够帮助分析外电场处理煤泥水沉降技术的内在机理。

目前国内学者对电场处理水的应用研究主要有：朱现信等人研究发现，高压静电场作用会使水分子极化；杨庆华等人研究发现，通过高压静电场的作用，会使离子包围在水分子中；张向荣等人对双极荷电颗粒及非双极荷电颗粒进行了静电凝聚试验，得到外电场对初始对称和初始非对称双极荷电颗粒的电荷分布随时间变化的影响情况；谭百贺等人做了类似的试验，得出在交变电场的作用下，双极荷电颗粒的浓度减小最快，颗粒的凝聚效果最好，直流电场次之；汤振宏在研究广西苹果铝矿泥物理化学性质及固化机理的过程中，对苹果铝矿泥在外电场作用下的电泳沉降效果进行了研究；邵武等人为了使选煤厂中的浮选精煤能够更有效地脱水，根据国外已有的许多方法，结合压滤和真空过滤机的形式，设计了一台电化学脱水试验机；李祖奎等人研究发现，通过高频高压电场的处理，可以使得水泥浆中的水分子极性增强，增强了水溶解沉积岩的能力；杜慧玲等人利用电泳沉降法对取自渤海湾的海水（盐度为30‰，悬浮物固体同浓度为16.85mg/L）中的悬浮物进行了清除试验；马志毅等人采用电絮凝法对悬浮物和有机物的去除效果进行试验，得出利用电絮凝法处理废水悬浮物，去除率平均达到96%。马晓伟等人介绍了高压静电水处理的研究现状，该技术目前理论及应用都不完善，论述了普遍接受的机理分析；刘宝臣等人研究发现矿泥自由沉降速度低于加电泳使矿泥沉降的速度，电泳作用使矿泥沉降减少了矿泥的含水量。

2 不同 Ca²⁺ 浓度及 pH 值溶液中高岭石单颗粒表面 Zeta 电位模拟

为了进一步降低药剂成本，提高尾水沉降速度，有效去除尾水中微细颗粒，使得循环水达到洗选澄清指标，有人提出了外电场加速尾水沉降技术。Zeta 电位是表征颗粒表面双电层的相关参数，当颗粒相对于介质运动时，颗粒表面的电位即 Zeta 电位。改变溶液离子浓度可以作为增大颗粒 Zeta 电位的手段，外电场加速尾水沉降技术可以使颗粒受电场作用而增加沉降力。本章通过介绍对颗粒表面电位的模拟研究，为外电场辅助尾水沉降提供理论和技术支持，并为沉降条件的选择提供依据。在煤泥水体系中，Ca²⁺ 浓度及 pH 值对高岭石的 Zeta 电位影响较大，因此本章阐述了 Ca²⁺ 浓度及 pH 值对高岭石单颗粒 Zeta 电位的影响。为较为合理地模拟高岭石 Zeta 电位，本章通过分析高岭石构成结构及不同种类晶体断面的荷电性质，以不同晶面的荷电情况作为权重，推出了高岭石颗粒 Zeta 电位的模拟方法，从而实现量化模拟高岭石颗粒的 Zeta 电位。试验检验说明模拟结果是较可靠的。

目前与高岭石 Zeta 电位相关的研究如下：为研究高岭石浮选行为，通过高岭石的表面结构，Hu 等人测定了高岭石颗粒端面上的零电点，但是并没有以 Ca²⁺ 作为影响因素研究其对 Zeta 电位的影响规律；对不同 Ca²⁺ 浓度下高岭石 Zeta 电位随 pH 值变化规律的主要研究者有 Chassagne、Yukselen 及 A. Kaya 等人，但是其研究结果并不适合于煤泥水体系，主要是因为相对于煤泥水，试验选取的 Ca²⁺ 浓度过高。另外，因为 Zeta 电位的测定技术不同及实验条件的不同，其他学者（如 Williams and Williams、Hamed 等人，West and Stewart，Kaya and Yukselen）研究得到的高岭石颗粒 Zeta 电位结果不尽相同。Zhou 等人对高岭石颗粒的恒定基础表面电荷模型（CBSC 模型）进行了研究，分析出该模型的缺陷，利用该模型无法得到高岭石的 Zeta 电位，只能解释高岭石 Zeta 电位的形成。

2.1 试验部分

2.1.1 试验样品及药剂

为模仿煤泥水中的高岭石颗粒，保证实验用高岭石颗粒表面 Zeta 电位与煤泥水中高岭石颗粒类似，使得建立的模型能够应用于煤泥水系统，选取淮南矿区煤系伴生高岭石为试验用高岭石，样品破碎纯化后，$D50$ 为 $0.74\mu m$，最大粒度小于 $4\mu m$。因为该粒度的高岭石能够反映煤泥水中难沉降高岭石组分的 Zeta 电位，煤泥水中高岭石颗粒 Zeta 电位具有代表性，模拟 Zeta 电位结果符合煤泥水的性质。氯化钙、氢氧化钠、盐酸等药品由上海化学试剂厂生产。

2.1.2 试验仪器

试验中采用的主要仪器有：上海中晨数字技术设备有限公司生产的 JS94H 电泳仪，日本岛津株式会社生产的 SALD-7101 激光粒度分析仪以及 PHS-3C 酸度计等。

2.1.3 试验方法

试验均在 25℃ 下展开。用去离子水和 $CaCl_2$ 配制出不同 Ca^{2+} 浓度的溶液，并通过滴加酸、碱溶液将溶液的 pH 值调整到 8，通过投加高岭石样品将溶液配制成高岭石浓度为 500mg/L 的悬浮液，采用 JJ-1 型搅拌器将悬浮液在 300r/min 的速度下搅拌 10min，静置老化 1 天，然后做电泳试验，测定溶液中高岭石颗粒表面 Zeta 电位。因为试验颗粒为单颗粒，为提高实验数据的可信度，在选取测定颗粒时要按 Zeta 电位仪的操作规程，选取粒度相近的颗粒，因为这种颗粒电泳速度具有代表性，每个试验点做 6 次重复试验，取平均值作为颗粒最终的 Zeta 电位。不同 pH 值的高岭石 Zeta 电位值与之类似：用去离子水和 $CaCl_2$ 配制 Ca^{2+} 浓度为 50mg/L 的溶液，向其中滴加酸、碱配制出不同 pH 值的高岭石悬浮溶液，通过同样的方法做高岭石的 Zeta 电位试验。

2.2 高岭石颗粒表面 Zeta 电位模拟

2.2.1 高岭石颗粒表面带电公式修正

高岭石晶体为层状硅酸盐结构，表面含有大量显负电性的 Si—O 和 Al—O 断键及两性 Al—OH。解离时由于氢键的断裂，形成（001）晶面，晶面 Si—O 四面体层和 Al—O 八面体层裸露，由于 Si^{4+} 被同晶 Al^{3+} 置换，形成一定量的永久负电荷，在其表面吸附有一层负电荷，形成 Helmholtz 内层，其外是吸附的抗衡正离子。高岭石（010）、（110）面的 Si—O 和 Al—O 断裂，这些断键基团具有一定的活性，能够与水介质中的 H^+ 或 OH^- 发生化学吸附带电，当 pH 值小于 7 时，在 H^+ 的大量存在下，由于基团的质子化，以正电吸附为主导；当 pH 值大于 7 时，在 OH^- 的大量存在下，由于基团的去质子化，以负电吸附为主导。综上所述，在酸性条件下，高岭石颗粒端面带正电，底面带负电；在碱性条件下，高岭石颗粒端面及底面均带负电，如图 2-1 所示。

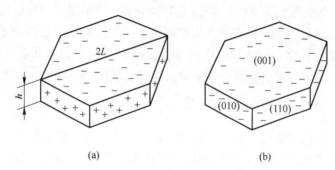

(a)　　　　　　　　　　　(b)

图 2-1　高岭石晶体结构及荷电示意图

（a）酸性；（b）碱性

pH 值、Ca²⁺值对高岭石端面和底面电位的影响大小可分别用式（2-1）和式（2-2）表示。

$$\varphi_{(010)(110)} = 0.059(\text{pH}_{\text{PZC}} - \text{pH}) \tag{2-1}$$

$$\varphi_{(001)} = \frac{kT}{ze}\ln\frac{a^{\text{Ca}^{2+}}}{a_0^{\text{Ca}^{2+}}} \tag{2-2}$$

式中，pH_{PZC} 为（010）、（110）平面的等电点；z 为离子价数；k 为波尔兹曼常数；T 为热力学温度；e 为元电荷；$a^{\text{Ca}^{2+}}$ 为 Ca²⁺的活度，$a_0^{\text{Ca}^{2+}}$ 为 Ca²⁺的零电位活度。通过与实验数据对比，对于高岭石颗粒，式（2-1）需修正如下：

$$\varphi_{(010)(110)} = 0.059(\text{pH}_{\text{PZC}} - \text{pH})/3.5 \tag{2-3}$$

该修正估计主要是高岭石颗粒（001）面对（010）、（110）面带电的交互影响及基团中 Si、Al、O 原子的影响所致。

2.2.2　高岭石颗粒表面电位模拟方法

高岭石的平行六面体晶胞能完整反映晶体内部原子或离子在三维空间分布的化学-结构特征，因此为模拟高岭石晶体的荷电情况，可以通过晶胞为荷电单元加权平均计算。

高岭石晶体沿（010）、（110）、（001）表面断裂，使得晶型为假六边形，其完整性由结晶度及晶体生长的空间条件决定。高岭石的单晶胞结构如图 2-2 所示，晶胞参数为 $a_0 = 0.5149\text{nm}$，$b_0 = 0.8934\text{nm}$，$c_0 = 0.7384\text{nm}$，$\alpha = 91.93°$，$\beta = 105.042°$，$\gamma = 89.791°$，从而依次得到单晶胞的如下参数：

（1）（110）切割面的面积：0.7564nm^2。

（2）（010）切割面的面积：0.3673nm^2。

（3）（001）切割面的面积：0.4600nm^2。

为简化计算，设高岭石颗粒均为六边形，依次定义高岭石晶层厚度为 h，六

边形的直径为 $2L$，如图 2-2 所示，单颗粒的端面（(010)、(110) 面）晶胞数为 $B_{(010)(110)}$，底面晶胞数为 $B_{(001)}$。需要注意的是，在高岭石端面的晶胞数的计算过程中，因为计算高岭石不同断裂面的晶胞数的目的是以该晶胞数作为权重计算高岭石颗粒的总电位，因此高岭石端面上的晶胞数的计算原则是其能够反映高岭石端面荷电性质，由于高岭石端面上荷电性质是相近的，因此需要先对高岭石端面上的晶胞面积进行平均化处理，虽然利用这种方法得到的高岭石端面上的晶胞数目并不是真正的高岭石端面晶胞数，但是其结果能够代表高岭石端面结构-化学性质以计算端面上 Zeta 电位。由此可得到式（2-4）和式（2-5）：

$$B_{(010)(110)} = 6hL/(0.7564 + 0.3673) \tag{2-4}$$

$$B_{(001)} = 2 \times (3\sqrt{3}/2)L^2/0.46 \tag{2-5}$$

将式（2-4）和式（2-5）晶胞参数作为权重，故有：

$$\psi_0 = \frac{B_{(001)}}{B_{(001)} + B_{(010)(110)}}\psi_{(001)} + \frac{B_{(010)(110)}}{B_{(001)} + B_{(010)(110)}}\psi_{(010)(110)} \tag{2-6}$$

式中，ψ_0 为颗粒的表面电位。

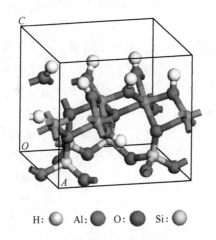

H: ◯ Al: ⬤ O: ⬤ Si: ◯

图 2-2 高岭石单晶胞结构

2.2.3 参数的选取与设定

2.2.3.1 高岭石（001）面、（010）面及（110）面的面积权重选取

由式（2-4）与式（2-5）可知，单颗粒端面晶胞数 $B_{(010)(110)}$ 及底面晶胞数 $B_{(001)}$ 由高岭石晶体不同断面的面积关系决定，因此为得到符合实际的高岭石 Zeta 电位预测值，首先需选取能够代表高岭石平均晶胞形貌的底面、端面面积。通过试验测量，Ferris 和 Jepson 等人得出高岭石端面占总表面积的 12%；通过计

算，Sposito 和 James 等人分别得出高岭石端面面积占总表面积的 7% 和 14%。综上，选取其中的中间值 12% 作为模拟计算用比例。将 12% 代入到式（2-4）与式（2-5）中，得高岭石底面及端面的晶胞数分别占表面晶胞总数的 89.96% 及 10.04%，后续的试验结果证实，选取 12% 作为高岭石端面占总表面积的模拟计算参数符合实际高岭石颗粒 Zeta 电位性质。

2.2.3.2　高岭石端面及底面的零电点及虚拟 Ca²⁺ 活度

在式（2-1）中，需确定高岭石颗粒端面的零电点及颗粒的总零电点。通过试验研究，Newman 认为 pH = 7 是高岭石晶体端面上的零电点，在 NaCl 稀溶液中，Rand 和 Melton 得出 pH = 7.3±0.2 为高岭石端面上的等电点；Wieland 等认为高岭石端面的零电点 pH 值在 7.0~8.0 之间变化，并且通过计算，得到 PZNPC = 7.3 为端面的零净电荷点。综上，选取 pH = 7.3 作为端面的零电点参数计算。关于高岭石的总零电点，Hu 的试验结果表明，几种不同的硬质高岭石的零电点 pH 值在 2.6~3.8 之间，张晓萍通过试验研究，认为 pH = 3 为高岭石的零电点，Yuan J 及张国范也认为 3 可以作为高岭石的零电点，故选取高岭石的总零电点 pH 值为 3.0。

在式（2-2）中，还需要确定（001）晶面上 Ca²⁺ 的零电位活度 $a_0^{Ca^{2+}}$。为此，首先需引入虚拟活度。后续的模拟中发现，当 Ca²⁺ 浓度大于等于 50mg/L 时在较宽的 Ca²⁺ 浓度范围内模拟值能够与试验值较好地吻合，故定义虚拟活度为在 Ca²⁺ 为 50mg/L 时的零基准活，用 $a_x^{Ca^{2+}}$ 表示。由于高岭石的总零电点是基于三种断裂面的 Zeta 电位加权平均得到的，因此可以通过 Zeta 电位的加权平均式得到虚拟活度，即通过式（2-2）、式（2-3）及式（2-6）得到式（2-7）：

$$0.059(\text{pH}_{\text{PZC}(010)(110)} - \text{pH}_{\text{PZC总}})/3.5 \times 10.04\% + \frac{kT}{ze}\ln\frac{a^{Ca^{2+}}}{a_x^{Ca^{2+}}} \times 89.96\% = 0$$

$$(2-7)$$

式中，虚拟活度值 $a_x^{Ca^{2+}}$ 可用式（2-8）计算得出：

$$a_x^{Ca^{2+}} = \gamma_{Ca} b_{Ca}/b^{\theta} \tag{2-8}$$

式中，γ_{Ca} 为 Ca²⁺ 的平均活度系数，由德拜-休克尔极限公式可以计算出该数值；b_{Ca} 为 Ca²⁺ 的质量摩尔浓度，b^{θ} 为 Ca²⁺ 的标准质量摩尔浓度，值为 1。得 Ca²⁺ 虚拟活度值 $a_x^{Ca^{2+}} = 0.0003532$。

2.2.3.3　其他参数的选取及设定

为将颗粒的 Debye 长度的倒数参数 κ 值及将表面电位转化为 Zeta 电位，取 Zeta 电位滑移面到高岭石表面的距离 $x = 5 \times 10^{-10}$ m，取水的相对介电常数为 $\varepsilon_{水} = $

81，绝对介电常数为 $\varepsilon_r = 8.854 \times 10^{-12} \, \text{C/Nm}^2$。通过将上述数据带入到确定颗粒的 Debye 长度的倒数参数 κ 值中及颗粒 Zeta 电位与表面电位的转换公式中可得到 κ 值及 Zeta 电位；溶液 pH = 8.0。

2.2.4 底面零电位活度及 Zeta 电位的计算

Ca^{2+} 吸附引起的高岭石单个颗粒的表面电位变化，可用加权平均法，以式（2-4）~式（2-6）得到的式（2-9）计算：

$$\varphi_{吸} = \varphi_{(110)(010)}/3.5 \times 10.04\% + \varphi_{(001)} \times 89.96\% \qquad (2-9)$$

当 pH 值为 8.0 时，将式（2-2）和式（2-3）计算出的不同晶面的电位及 Ca^{2+} 的活度 $a_{Ca^{2+}}$ 及虚拟活度 $a_x^{Ca^{2+}}$ 带入式（2-9），得到由于 Ca^{2+} 吸附而导致的电位变化值，不同 Ca^{2+} 浓度下的该电位的变化情况见表2-1。

表 2-1 不同 Ca^{2+} 浓度下高岭石的 Ca^{2+} 吸附电位的模拟计算值

Ca^{2+} 浓度（以 $CaCl_2$ 计）/mg · L^{-1}	高岭石颗粒 $\varphi_{吸}$/mV
5	−25.505
10	−17.706
25	−7.536
50	0.000
75	4.322
100	7.339
125	9.647
150	11.509
175	13.065
200	14.399
225	15.563
250	16.594

通过式（2-10）计算得到较小的颗粒 Debye 长度的倒数参数，表明在 $CaCl_2$ 电解质环境中颗粒表面双电层较厚。将 κ 值代入到 Zeta 电位与表面电位的转换公式（2-11）中，得出其 Zeta 电位与表面电位可以近似看作相等。

$$\kappa = \sqrt{\frac{e^2 N_A \sum c_i z^2}{\varepsilon_水 \, \varepsilon_r kT}} \qquad (2-10)$$

$$\zeta_{Zeta} = \frac{\varphi_0}{\left(1 + \dfrac{x}{r_s}\right)\exp(\kappa x)} \tag{2-11}$$

式中，$e = 1.6 \times 10^{-19}$C 为电子电荷；$N_A = 6.02 \times 10^{23}$mol^{-1} 为 Avogadro 常数，$c_i$ 为离子体积摩尔浓度；z 为离子价数；$k = 1.38 \times 10^{-23}$J/K 为 Boltzmann 常数；ζ_{Zeta} 为颗粒的 Zeta 电位；r_s 为颗粒的 Stokes 半径，这里用高岭石的 $D50$ 计算。

颗粒的 Zeta 电位并不仅仅由离子吸附引发，还有（001）面上同晶取代形成的电位以及 Helmholtz 内层的负电位。比较后续的模拟值与预测值发现，当 Ca^{2+} 浓度大于 50mg/L 时（001）面上同晶取代形成的电位以及 Helmholtz 内层的负电位之和变化较小，可近似为常数，为计算该部分电位，设其为 φ_H，在 Ca^{2+} 浓度大于等于 50mg/L 范围内随意选择 Ca^{2+} 浓度的电位作为计算参量，例如本章通过 Ca^{2+} 浓度为 100mg/L 时的高岭石 Zeta 电位实验值计算该部分电位，将单独做的 Ca^{2+} 浓度为 100mg/L 时的高岭石 Zeta 电位试验值 -21.750mV 减去表 3-1 中 Ca^{2+} 浓度为 100mg/L 时对应的 Ca^{2+} 吸附电位模拟值 7.339mV，可得到 $\varphi_H = -29.089$mV，再将该数值的相反数及上述计算的虚拟活度数值带入式（2-6），得：

$$0.059(pH_{PZC(010)(110)} - 8)/3.5 \times 10.04\% + \frac{kT}{ze}\ln\frac{a_0^{Ca^{2+}}}{a_x^{Ca^{2+}}} \times 89.96\% = 29.089 \tag{2-12}$$

从而得到 Ca^{2+} 的零电位活度为 $a_0^{Ca^{2+}} = 0.004846$。由此得到不同 Ca^{2+} 浓度溶液中高岭石颗粒表面 Zeta 电位的预测模型：

$$\zeta_{Zeta} = 0.059(7.3 - pH)/3.5 \times 10.04\% + \frac{kT}{ze}\ln\frac{a^{Ca^{2+}}}{0.004846} \times 89.96\% \tag{2-13}$$

在 Ca^{2+} 浓度为 100mg/L 时，比较 Ca^{2+} 零电位活度计算的 Zeta 电位与通过 Ca^{2+} 虚拟电位活度计算的 Zeta 电位，已知式（2-13）需要减去因改变基准活度而造成的电位升降 1.184mV，从而得到进一步修改的 Zeta 电位预测模型：

$$\zeta_{Zeta} = 0.059(7.3 - pH)/3.5 \times 10.04\% +$$
$$\left(\frac{kT}{ze}\ln\frac{a^{Ca^{2+}}}{0.004846} \times 89.96\% + 1.184 \times 10^{-3}\right) \tag{2-14}$$

2.3 模型精度验证

2.3.1 不同 Ca^{2+} 浓度数的模型验证

采用电泳法测定的不同 Ca^{2+} 浓度下高岭石颗粒的 Zeta 电位和用式（2-14）

计算的不同 Ca^{2+} 浓度下高岭石颗粒的表面 Zeta 电位，结果见表 2-2 和图 2-3。

表 2-2 pH 值为 8 时不同 Ca^{2+} 浓度下高岭石颗粒的 Zeta 电位试验值与模拟值

Ca^{2+}浓度（以 $CaCl_2$ 计）/mg·L^{-1}	试验值/mV	模拟值/mV	差值/mV
5	−40.542	−54.595	14.053
10	−37.491	−46.795	9.304
25	−32.461	−36.626	4.165
50	−28.347	−29.089	0.742
75	−23.852	−24.768	0.916
100	−21.585	−21.751	0.166
125	−20.017	−19.443	0.574
150	−17.446	−17.580	0.134
175	−15.388	−16.024	0.636
200	−15.142	−14.691	0.451
225	−13.842	−13.526	0.316
250	−12.524	−12.495	0.029

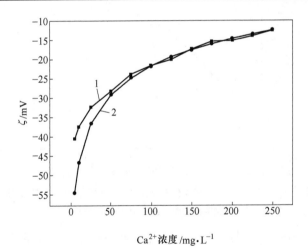

图 2-3 不同 Ca^{2+} 浓度下高岭石颗粒的 Zeta 电位试验值与模拟值对比

1—试验值；2—模拟值

图 2-3 表明，若 Ca^{2+} 浓度增大，高岭石的 Zeta 电位绝对值随之减小。当溶液中 Ca^{2+} 增多时，Ca^{2+} 在颗粒表面的吸附量增大，并压缩双电层，高岭石颗粒表面 Zeta 电位的绝对值随之减小。

模型预测结果与实验结果之间的比较情况见表 2-2 和图 2-3，在 Ca²⁺ 浓度大于等于 50mg/L 时二者吻合较好，最大差值为 0.916mV，表明此时高岭石颗粒 Zeta 电位可以利用模型有效预测；在 Ca²⁺ 浓度小于 50mg/L 时二者有所偏离，因为随 Ca²⁺ 浓度的降低，引起 Ca²⁺ 的特性吸附及响应 Helmholtz 内层电位发生变化。因此式 (2-14) 模型较适合预测溶液 Ca²⁺ 浓度大于等于 50mg/L 的高岭石 Zeta 电位。为扩大该模型的预测范围及预测精度及范围，需对式 (2-14) 进行进一步校正。

2.3.2　利用拟合方法对模型进一步校正

利用拟合法能够对式 (2-14) 进一步校正，对表 2-2 中的试验值与预测值进行拟合，得拟合方程分别为：$\zeta_{Zeta试验} = 8.9057\ln(x) - 62.178$，拟合优度 $R^2 = 0.9899$；$\zeta_{Zeta预测} = 10.464\ln(x) - 70.084$，拟合优度 $R^2 = 0.9997$，x 为 Ca²⁺ 的质量体积浓度 （mg/L），二者曲线如图 2-4 所示，二者有如下关系：

$$\zeta_{Zeta试验} = a \cdot 10.464 \cdot \ln(x) - b \cdot 70.084 \tag{2-15}$$

式中，$a = \dfrac{8.9057}{10.464}$，$b = \dfrac{62.178}{70.084}$。

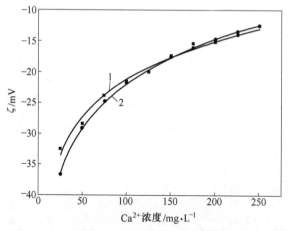

图 2-4　不同 Ca²⁺ 浓度下高岭石颗粒的 Zeta 电位试验值拟合与模拟值拟合对比

1—试验值拟合曲线；2—模拟值拟合曲线

式 (2-14) 中的 pH 值部分 Zeta 电位与因改变基准活度而造成的电位升降 1.184mV 之和如下：

$$0.059(7.3 - pH)/3.5 \times 10.04\% + 1.184 \times 10^{-3} = -0.00000072V = -0.00072mV \tag{2-16}$$

为不影响 pH 值对高岭石颗粒 Zeta 电位的贡献量计算，如式 (2-16) 在 pH 值为 8 时的电位数值与由于校正零电点导致的电位变化量之和极小，为此在校正过程中将该部分省略，再将式 (2-14) 化为形如拟合式，得：

$$\zeta_{\text{Zeta}} = 11.55644 \times \ln a^{\text{Ca}^{2+}} - 61.59143 \tag{2-17}$$

利用式（2-15）的转化关系，在 Ca^{2+} 浓度大于等于 25mg/L 时预测范围更宽、预测更精确的模型如式（2-18）（结果转化为 mV）所示：

$$\zeta_{\text{Zeta}} = \left[0.059(7.3 - \text{pH})/3.5 \times 10.04\% + a \frac{kT}{ze} \ln \frac{a^{\text{Ca}^{2+}}}{0.004846} \times 89.96\% \right] \times$$
$$1000 + 61.59027(a - b) + 1.184 \tag{2-18}$$

对比利用式（2-17）计算大于等于 25mg/L 时的 Zeta 电位预测值与模拟值，见表 2-3 及图 2-5。

表 2-3　pH 值为 8 时不同 Ca^{2+} 浓度下高岭石颗粒的 Zeta 电位试验值与模拟校正值

Ca^{2+}浓度（以 CaCl_2 计）/mg·L^{-1}	试验值/mV	模拟值/mV	差值/mV
25	−32.461	−33.393	0.932
50	−28.347	−26.979	1.368
75	−23.852	−23.301	0.551
100	−21.585	−20.734	0.851
125	−20.017	−18.770	1.247
150	−17.446	−17.185	0.261
175	−15.388	−15.860	0.472
200	−15.142	−14.726	0.416
225	−13.842	−13.735	0.107
250	−12.524	−12.857	0.333

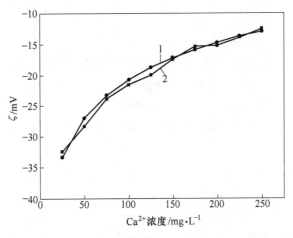

图 2-5　不同 Ca^{2+} 浓度下高岭石颗粒的 Zeta 电位试验值与模拟值校正值对比

1—模拟校正值；2—试验值

这样,式(2-18)可实现对 Ca²⁺ 浓度大于等于 25mg/L 时的高岭石 Zeta 电位的模拟,即式(2-18)为本书中高岭石颗粒最终 Zeta 电位模拟公式。

2.3.3 不同 pH 值的模型验证

采用电泳法测定了不同 pH 值下高岭石颗粒的表面 Zeta 电位,同时用式(2-18)计算了不同 pH 值下高岭石颗粒表面 Zeta 电位,结果见表 2-4 和图 2-6。

表 2-4 Ca²⁺ 浓度为 50g/L 时不同 pH 值下高岭石颗粒的 Zeta 电位试验值与模拟校正值

pH 值	试验值/mV	模拟值/mV	差值/mV
3	−18.179	−18.517	0.338
4	−20.880	−20.209	0.671
5	−22.115	−21.902	0.213
6	−23.248	−23.594	0.346
7	−26.454	−25.287	1.167
8	−28.347	−26.979	1.368
9	−29.323	−28.672	0.651
10	−27.513	−30.364	2.851

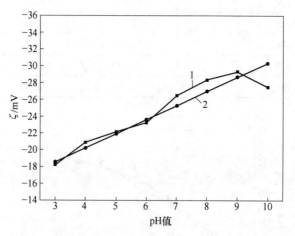

图 2-6 不同 pH 值下高岭石颗粒的 Zeta 电位试验值与模拟校正值对比
1—试验值;2—模拟校正值

表 2-4 及图 2-6 显示,在 pH 值小于等于 9 的条件下,随着 pH 值的增大,高岭石颗粒的 Zeta 电位绝对值随之增大,这是由于端面的 H⁺ 吸附量的降低及 OH⁻ 的吸附量的升高所致,比较模拟值与试验值发现此时二者吻合较好,最大偏差为 1.368mV;在 pH 值大于 9 的条件下,比较模拟值与试验值发现二者发生一定偏离,这是由于随溶液中 OH⁻ 的增多,Ca²⁺ 在高岭石颗粒表面形成羟基络合吸附过

多。故本模型适合预测溶液 pH 值小于 9 时高岭石颗粒的 Zeta 电位，该 pH 值范围涵盖选煤厂煤泥水体系 pH 值，可用作煤泥水中高岭石颗粒 Zeta 电位的预测。另外，Y. Yukselen 研究发现高岭石的 Zeta 电位在 pH 值为 3 到 10 之间线性变化，差值为 14.5mV，与模型的差值 11.847mV 相近。

2.3.4 模型的检验

利用试验值对表 2-3 和表 2-4 中的模拟值进行 F、t 检验。首先选取合适的正交表，进行表头设计，计算出各水平的平均值；再计算出离差平方和、自由度、平均离差平方和，最终计算出统计量 F、t。取显著性水平 $\alpha = 0.05$，通过 Excel 软件进行计算，得到检验结果见表 2-5~表 2-8。

表 2-5　pH 值为 8 时不同 Ca^{2+} 浓度下高岭石颗粒 Zeta 电位模拟校正值 F-检验双样本方差分析

项　目	试验值	模拟值
平均	−20.060	−19.754
方差	43.052	42.619
观测值	10.000	10.000
d_f	9.000	9.000
F	1.010	—
$P(F \leqslant f)$ 单尾	0.494	—
F 单尾临界	3.179	—

表 2-6　pH 值为 8 时不同 Ca^{2+} 浓度下高岭石颗粒 Zeta 电位模拟校正值 t-检验成对双样本均值分析

项　目	试验值	模拟值
平均	−20.060	−19.754
方差	43.052	42.619
观测值	10.000	10.000
泊松相关系数	0.994	—
假设平均差	0.000	—
d_f	9.000	—
t_{Stat}	−1.304	—
$P(T \leqslant t)$ 单尾	0.112	—
t 单尾临界	1.833	—
$P(T \leqslant t)$ 双尾	0.225	—
t 双尾临界	2.262	—

表 2-7 Ca²⁺ 浓度为 50g/L 时不同 pH 值下高岭石颗粒的 Zeta 电位模拟校正值
F-检验双样本方差分析

项　　目	试验值	模拟值
平均	−24.507	−24.441
方差	15.896	17.187
观测值	8.000	8.000
d_f	7.000	7.000
F	0.925	—
P（$F \leq f$）单尾	0.460	—
F 单尾临界	0.264	—

表 2-8 Ca²⁺ 浓度为 50g/L 时不同 pH 值下高岭石颗粒的 Zeta 电位模拟校正值
t-检验成对双样本均值分析

项　　目	试验值	模拟值
平均	−24.507	−24.441
方差	15.896	17.187
观测值	8.000	8.000
泊松相关系数	0.947	—
假设平均差	0.000	—
d_f	7.000	—
t_{Stat}	−0.142	—
P（$T \leq t$）单尾	0.446	—
t 单尾临界	1.895	—
P（$T \leq t$）双尾	0.891	—
t 双尾临界	2.365	—

　　F 检验结果显示 P 值大于 0.05，t 检验结果显示 P 双尾大于 0.05，自变量对应变量的影响是显著的，故建立的 Zeta 电位预测模型式（2-18）是可靠的，具有代表性。

3 pH 值与 Ca²⁺ 对煤泥水及其黏土矿物颗粒粒群 Zeta 电位的影响

对于选矿尾水体系，粒群与单颗粒有较大的不同，主要由于粒群引入了矿物颗粒与颗粒之间的作用。因为固液界面发生相对滑动时颗粒表面的 Zeta 电位是反映微细颗粒分散性的重要参数之一，本章以煤泥水为例，从粒群的角度研究了煤泥水的 Zeta 电位，从颗粒的动电性能角度阐释微细颗粒分散凝聚的本质。煤泥水中的主要矿物为黏土类矿物，作为黏土的两大分支，其中高岭石（黏土）在煤泥水中赋存较多，蒙脱石的含量虽然相对较少，但对煤泥颗粒沉降性质影响显著，且对煤泥水沉降形式起决定作用，此外，煤泥水中还含有一定量的石英。本章对高岭石、石英、蒙脱石及煤泥水粒群的 Zeta 电位进行了介绍，不但分析了煤泥水沉降的机理，也为黏土及煤泥水 Zeta 电位形成机理做了理论拓展。

煤泥颗粒 Zeta 电位值通常为负，且依赖于溶液的化学性质，先前 Y. Yukselen、West、Kaya 等学者致力于不同溶液环境下黏土颗粒的 Zeta 电位研究，但因为试验用悬浮液的浓度较低、盐浓度较高，使得试验并不适用于煤泥水粒群体系性质，因此试验结果无法反映煤泥水沉降的性质，为保持在煤泥水原浓度下研究煤泥粒群的 Zeta 电位，利用电声手段测定了煤泥水的 Zeta 电位，且仿照煤泥水的浓度测定了其中的主要黏土矿物高岭石、石英、蒙脱石粒群的 Zeta 电位。

pH 值及金属离子会影响颗粒表面电荷分布，因此 pH 值作为主要影响因素纳入对煤泥水 Zeta 电位的影响研究。离子的交换吸附能力顺序为 $Ca^{2+} > Mg^{2+} > K^+ > Na^+$，且 Ca^{2+} 能够在煤泥颗粒表面形成特性吸附，不但对煤泥水的沉降产生较大影响，而且对煤泥颗粒 Zeta 电位的影响较大，因此 Ca^{2+} 浓度作为主要影响因素纳入对煤泥水 Zeta 电位的影响研究。

3.1 试验部分

3.1.1 试验样品分析及制备

3.1.1.1 试验样品分析

A 高岭石样品分析

高岭石原样为淮北金岩高岭土原矿，用磨碎机研磨 1min，将大颗粒用 40 目

（0.42mm）标准筛除，用去离子水淘洗 5 或 6 次，在去离子水中老化一天，激光粒度分析其 $D50$ 为 7.71μm。XRD 如图 3-1 所示，可知样品中除含有大量高岭石外，还含有极少量的石英。

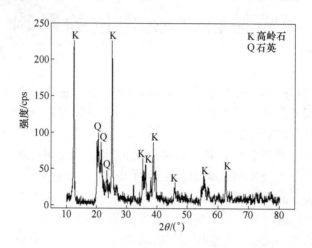

图 3-1　高岭石样品 XRD

B　石英样品分析

石英原样为无锡市亚盛化工有限公司生产的分析纯石英，$D50$ 为 48.264μm。

C　蒙脱石样品分析

蒙脱石原样为浙江丰虹黏土化工有限公司生产的钠基蒙脱石，在去离子水中老化一天后，$D50$ 为 2.722μm，其 XRD 如图 3-2 所示，样品中除含有大量蒙脱石外，还含有少量石英及高岭石。

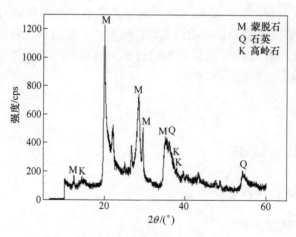

图 3-2　蒙脱石样品 XRD

D 煤泥水样品分析

试验用煤泥水采自淮南张集北矿浓缩机入料，浓度为 21.1g/L，筛分分析粒度组成见表 3-1，样品中的 -0.045mm 组分含量较高，激光粒度分析 $D50$ 为 4.15μm，较难沉降，煤泥水样品 XRD 如图 3-3 所示，样品中的主要矿物组分为高岭石、石英及蒙脱石。

表 3-1 煤泥水样品粒度组成

粒度范围	质量分数/%
+0.125mm（大于 120 目）	11.53
0.075~0.125mm（200~120 目）	6.37
0.045~0.075mm（325~200 目）	13.95
-0.045mm（小于 325 目）	68.15

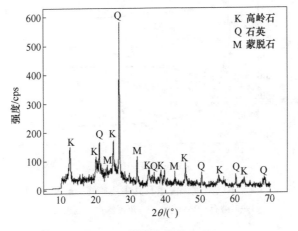

图 3-3 煤泥水样品 XRD

3.1.1.2 试验样品制备

A 样品浓度的选取

黏土颗粒表面所荷负电可分两种：（1）受 pH 值影响的电位，这是由煤泥颗粒表面羟基的质子化及去质子化造成的；（2）颗粒自身结构造成的荷负电，该电位不受 pH 值的影响，造成煤泥颗粒在煤泥水中显负电性。溶液中的金属离子荷正电，会被吸附到荷负电的煤泥颗粒表面形成抗衡离子，一部分离子随着颗粒的移动而移动，形成 OHP 层，OHP 层的外界面为滑动界面，以外是抗衡离子的弥散层。在不同的离子-颗粒浓度下，抗衡离子在滑动界面内的吸附量会随之改变，从而造成颗粒 Zeta 电位的变化，因此不同的稀释路径会造成不同的 Zeta

电位。

样品浓度的确定：图 3-4 所示为去离子水稀释黏土悬浮液及煤泥水过程的 Zeta 电位，从图中可知，随着浓度的降低，高岭石及蒙脱石的 Zeta 电位绝对值升高，在较低的浓度下，Zeta 电位的绝对值升高速度较大；石英及煤泥水颗粒的 Zeta 电位绝对值为先降低后增高，在较低浓度下，Zeta 电位的增速较大。在测定煤泥颗粒 Zeta 电位的过程中，为降低稀释带来的 Zeta 电位偏移，以张集煤泥水浓度 20g/L 为标准，利用去离子水，将高岭石、石英悬浊液浓度调整到 20g/L，由于蒙脱石的剥层，高浓度的蒙脱石单元层在较高的 Ca²⁺浓度环境中会黏结成黏度极大的乳胶状体，不易于离子滴定试验及 Zeta 电位测定试验，因此配制浓度为 4g/L 的蒙脱石悬浊液。

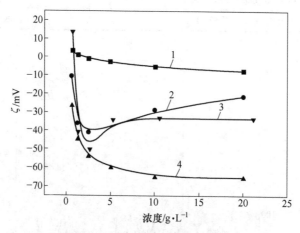

图 3-4 不同浓度煤泥水及其主要矿物 Zeta 电位图
1—高岭石；2—石英；3—煤泥水；4—蒙脱石

B 样品的初始 pH 值分析

去离子水 pH 值为 6.63，试验用各黏土矿物悬浮液 pH 值分别为：蒙脱石 10.60、高岭石 7.82、石英 7.63，较去离子水 pH 值高；生产用清水 pH 值为 8.27，煤泥水 pH 值为 8.58，较生产清水高。这主要是因为黏土矿物表面羟基的质子化作用造成的，由于羟基的质子化，在颗粒表面吸附了溶液中的大量 H⁺，使得溶液中 H⁺的量相对减少，破坏了溶液中 H⁺-OH⁻平衡，提高了溶液 pH 值。石英的粒度远大于高岭石的粒度，比表面积较小，蒙脱石由于剥层作用，有些置换作用较大的蒙脱石层由于荷更大的负电，层间排斥作用较强，会剥离成蒙脱石单元层，粒度远小于高岭石及石英，比表面积较大，故三种黏土矿物比表面从大到小依次为蒙脱石、高岭石、石英，故表面硅羟基的赋存量从大到小依次为蒙脱石、高岭石、石英，其对溶液中 OH⁻的吸附作用从大到小依次为蒙脱石、高岭石、石英,因此三种悬浮液的 pH 值从高到低依次为蒙脱石、高岭石、石英。

CaCl$_2$、NaOH、HCl 等药品由上海化学试剂厂生产,将其配制成 0.1mol/L 的 CaCl$_2$、HCl 溶液及 1mol/L 的 NaOH、HCl 溶液作为滴定液。试验用水均为去离子水。

3.1.2 试验仪器

试验中采用的仪器有南昌光明化验设备有限公司生产的 F97-1 型密封式化验制样粉碎机;浙江绍兴市上虞区路通公路仪器有限公司生产的标准检验筛;江苏金坛荣华仪器制造有限公司生产的 JJ-1 型 60W 精密增力电动搅拌器,85-2A 型数显恒温测速磁力搅拌器;美国 Colloidal Dynamics 公司生产的 zetaprobe;日本岛津株式会社生产的 XRD-7000S/L 型射线衍射仪、SALD-7101 激光粒度分析仪;上海大普仪器有限公司生产的 SX3804 型精密离子计。

3.1.3 试验方法

3.1.3.1 Zeta 电位测定试验

利用 0.1mol/L 的 HCl 滴定液将上述煤泥水的 pH 值调整到 7±0.2,取 250mL 倒入 Zeta 电位仪中,利用 1mol/L 的 NaOH、HCl 溶液作为 Zeta 电位仪滴定液。设定滴定目标 pH 值为 10,进度为 0.3,测定其 Zeta 电位;取上述其他矿物样品悬浊液 250mL,分酸、碱两个方向滴定至 pH 值为 2、12,进度为 0.5,由于 Zeta 电位滑动层由颗粒表面与液体的剪切作用决定,现有理论无法确定其准确位置,因此仪器的搅拌强度统一选取 200r/min。从而获取 HCl、NaOH 的滴定量及 Zeta 电位值。

3.1.3.2 离子吸附试验

表观吸附量的计算公式见式 (3-1):

$$\Gamma = \frac{N - N_0 + N_k}{m} \tag{3-1}$$

式中,Γ 为单位质量吸附剂吸附的物质的量,mol/g;N 为加入离子的量,mol;N_0 为吸附平衡时离子的量;N_k 为背景离子;m 为吸附剂的质量,g。

H$^+$、OH$^-$ 的吸附参数获取:在 Zeta 电位的试验中,取相同矿物试样 250mL 各 20 份,利用 Zeta 电位仪的酸碱滴定模式,在分别向酸、碱两个方向滴定的过程中,系统自动控制到达指定 pH 值时滴入样品中酸、碱液的量,从而获取关于 H$^+$、OH$^-$ 的相关参数。

Ca^{2+} 的吸附参数获取:取相同矿物试样 500mL 各 10 份,利用离子计测定

Ca²⁺ 的初始浓度，利用 0.1mol/L 的 CaCl₂ 将 Ca²⁺ 浓度滴定至目标浓度（为 2.5×10^{-4} mol/L ~ 2.5×10^{-3} mol/L 之间的 10 个浓度值），通过滴定初始点及终止点 Ca²⁺ 浓度及滴定量，计算 Ca²⁺ 的表观吸附量。

3.2   结果讨论

3.2.1   高岭石粒群的 Zeta 电位

3.2.1.1   单纯 pH 值对高岭石颗粒 Zeta 电位的影响

在去离子环境下，不同学者对高岭石颗粒的 Zeta 电位最值及零电点研究见表 3-2，其中，Y. Yukselen 等人研究结果显示，pH 值从 3 到 11，高岭石颗粒的 Zeta 电位变了 17mV，与本试验结果相近，为 20.07mV（pH 值从 3 到 11，Zeta 电位从 7.74mV 变动到 -12.33mV）。不同高岭石的零电点范围为 5 到 6 之间，与之比较，试验获得的零电点为 3.85，较具普遍意义。之所以不同研究数据结果之间有一定差异，是不同研究者的高岭石结构、样品的准备及 Zeta 电位的计算模型的差异造成的。

表 3-2   不同学者对高岭石 Zeta 电位的最值及零电点研究

研究者	最大值		最小值		零电点
	pH 值	ζ/mV	pH 值	ζ/mV	
West 等人	12	-32	3	很小的值	<3
Smith 等人	10	-40	0	2.2	2.2
Williams 等人	11	-30	3.5	5.5	无
Hotta 等人	9.5	-65	3	-3	
Dzenitis	12	-40	2	10	6
Y. Yukselen 等人	11	-42.5	3	-25.4	无

理想的高岭石晶体为 1：1 型层，层间通过临近的硅氧层及铝氧层的氢键连接起来，氢键断裂及端面的断裂会形成两种荷电类型的表面——表层为羟基的硅氧面及端面、表面为氧层的铝氧面，端面活性较高的羟基在水中的质子化及去质子化引起对 H⁺、OH⁻ 表观吸附量的变化，如图 3-6 所示，在 pH 值小于 7.82 的溶液中，高岭石颗粒端面羟基发生质子化，形成 H⁺ 表观吸附量的升高现象；在 pH 值大于 7.82 的溶液中，高岭石颗粒端面解离出 H⁺，形成 OH⁻ 表观吸附量的升高现象。与之对应的 Zeta 电位是图 3-5 中 Ca²⁺ 浓度为零情形，此时高岭石颗粒 Zeta 电位受 pH 值的影响，由于质子带一个单位的正电荷，因此，随 pH 值的增大，高岭石表面质子化作用降低，去质子化作用升高，Zeta 电位随之降低。向去离子

水中投加的高岭石颗粒会发生质子化作用及高岭石晶体中正离子的溶出作用，使得初始高岭石颗粒 Zeta 电位试验值为 -8.3 mV。另外高岭石表面会发生 Al 对 Si 的置换及 Mg 对 Al 的置换形成极少量的恒定负电荷。

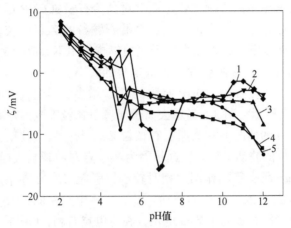

图 3-5　高岭石 Zeta 电位

1—Ca^{2+} 浓度 $1.76×10^{-3}$ mol/L；　2—Ca^{2+} 浓度为 $1.6×10^{-3}$ mol/L；

3—Ca^{2+} 浓度为 $1.27×10^{-3}$ mol/L；　4—Ca^{2+} 浓度为 0mol/L；　5—Ca^{2+} 浓度为 $1×10^{-3}$ mol/L

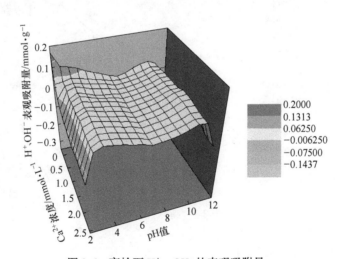

图 3-6　高岭石 H$^+$、OH$^-$ 的表观吸附量

3.2.1.2　Ca^{2+} 对高岭石颗粒 Zeta 电位的影响

羟基的质子化及去质子化是亥姆霍兹内层电位的成因，通过吸附试验发现，在 pH 值条件为 2-4 的环境下 IHP 层发生 Ca^{2+} 对质子的置换，造成颗粒对 H$^+$ 吸附量的降低，如图 3-6 所示，但此时 Zeta 电位变化不大，如图 3-5 所示；在 pH 值

环境为 4-12 的条件下，高岭石颗粒的质子化及去质子化不受 Ca^{2+} 的影响，此时 Ca^{2+} 在高岭石表面受到静电作用，作为抗衡离子形成 OHP 层、紧密层及弥散层，在对 Zeta 电势的测定中，弥散层被水流剪切力去掉，此时，图 3-5 中，不同 Ca^{2+} 条件对高岭石 Zeta 电势的影响主要为 Ca^{2+} 对高岭石颗粒 OHP 层及紧密层电势的影响，其影响趋势为随着 Ca^{2+} 的加入，高岭石颗粒的 Zeta 电位升高。因此可得出：Ca^{2+} 对羟基高岭石颗粒表面去质子化的影响作用不会改变 Zeta 电位的大小，在 OHP 层、紧密层上的吸附会改变 Zeta 电势的大小。

随着体系 Ca^{2+} 浓度提高，OHP 吸附的 Ca^{2+} 增多，引起高岭石零电点向碱性方偏移，如图 3-7 所示；图 3-5 显示去离子环境下颗粒零电点左右 Zeta 电位无波动，而在 Ca^{2+} 存在的情况下零电点左右颗粒 Zeta 电位发生波动，且随 Ca^{2+} 浓度的升高，Zeta 电位的波动值越大，这是因为零电点左右颗粒表面 Zeta 电势为零，在零电点附近 Ca^{2+} 所受静电作用力相对较小，引起 Ca^{2+} 在零电点附近的特性吸附作用较强，形成了 Zeta 电位的波动，推测在零电点左侧 Ca^{2+} 与表面羟基发生了 IHP 面的特性吸附，提高了 Zeta 电位，在零电点右侧，Ca^{2+} 在表面的羟基络合吸附引发了表面羟基的去质子化，降低了 Zeta 电位。

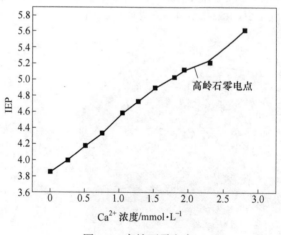

图 3-7　高岭石零电点

3.2.2　石英粒群的 Zeta 电位

3.2.2.1　单纯 pH 值对石英粒群 Zeta 电位的影响

石英颗粒为 SiO_2 晶体，在不加 Ca^{2+} 的情况下，颗粒的荷电主要为表面硅羟基的质子化及去质子化。表 3-3 显示了不同研究者对去离子水中石英颗粒 Zeta 电位的研究情况，从表中可知，不同石英颗粒的零电点在 2 左右，Zeta 电位的最值也不同，这与样品表面性质的差异及测试仪器的不同有关。试验结果显示，在 Ca^{2+} 的作用下，石英形成两个零电点，如图 3-8 和图 3-10 所示，在未添加 Ca^{2+} 时，零电点为 2.28，与表 3-3 较一致；在添加 Ca^{2+} 后，形成第二零电点，该零电点的形成是由此时 OH^- 的负吸附造成的，图 3-9 中 pH 值大于 10 时 OH^- 的负吸附对此做出了验证。在 Zeta 电位方面，试验 Zeta 电位最小值为 -27.88，与 Prasanphan 等人的研究结果相似。

表 3-3 不同学者对石英 Zeta 电位的研究

研究者	最小值		最大值		零电点
	pH 值	ζ/mV	pH 值	ζ/mV	
Huang 等人	10.5	−56	4	−15	2
Xu 等人	10.2	−110	1.5	4	1.7
Prasanphan 等人	10.0	−27	1.8	3	2.13
Rodriguez 等人	8.0	−90	2.0	10	2.3
A. Kaya 等人	11	−65.4	3	−30.2	无

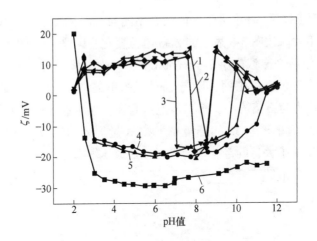

图 3-8 石英 Zeta 电位

1—Ca^{2+} 浓度为 2.30mmol/L；2—Ca^{2+} 浓度为 1.76mmol/L；

3—Ca^{2+} 浓度为 1.6mmol/L；4—Ca^{2+} 浓度为 1.00mmol/L；

5—Ca^{2+} 浓度为 1.27mmol/L；6—Ca^{2+} 浓度为 0mmol/L

图 3-9 显示，在 pH 值小于 3 的情况下吸附性质转变。因为石英的粒度远大于高岭石的粒度，因此总体上表观吸附量较高岭石小。在不添加 Ca^{2+} 的情况下，pH 值小于 3 的石英颗粒对 H^+ 的表观吸附量也表现出显著的减小，这主要因为去离子水中残留的少量正离子对 H^+ 的置换，与之对应的是该变化显著影响了石英的 Zeta 电位，如图 3-8 所示。

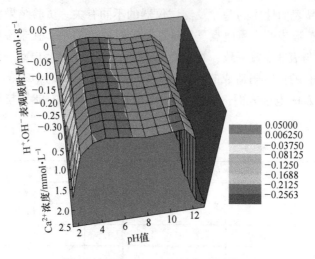

图 3-9   石英 H⁺、OH⁻ 的表观吸附量

3.2.2.2   Ca²⁺ 对石英颗粒 Zeta 电位的影响

图 3-9 表明,体系 pH 值大于 3 时,在不同的 Ca²⁺ 浓度下,颗粒对 H⁺、OH⁻ 的吸附量变化不大。故图 3-8 显示的 Zeta 电位变化主因是 Ca²⁺ 的影响。图 3-8 和图 3-10 显示,体系 Ca²⁺ 浓度小于 1mmol/L 时,Ca²⁺ 对颗粒的 Zeta 电位影响较小,体系 Ca²⁺ 浓度大于 1mmol/L 时,随着 Ca²⁺ 吸附量的增大,Ca²⁺ 对颗粒 Zeta 电位的影响主要体现为使石英第一、第二零电点靠拢。推测主要是由于在 Ca²⁺ 浓度为 1mmol/L 时,pH 值小于 8.32 的环境中 Ca²⁺ 大量涌入 OHP 层,pH 值大于 8.77 的环境中 Ca²⁺ 形成了大量的羟基络合吸附,形成压缩双电层的作用。

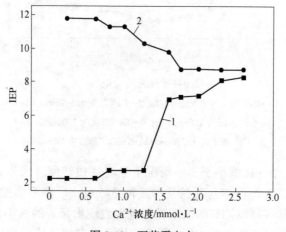

图 3-10   石英零电点
1—第一零电点；2—第二零电点

3.2.3 蒙脱石粒群的 Zeta 电位

蒙脱石的带电有两种：（1）由同晶取代形成的底面的恒定电荷，图 3-11 显示蒙脱石的 Zeta 电位在所有 pH 值范围下均为负值，无零电点，负电位由八面体及四面体的晶格取代形成，不受 pH 值的影响；（2）受 pH 值影响的电荷由端面断裂形成硅羟基的质子化及去质子化形成，因此在去离子水中，由于端面的作用 Zeta 电位随 pH 值的升高而略显降低。Ca^{2+}、H^+ 及 OH^- 等在蒙脱石底面的吸附为 OHP 面的静电吸附，其吸附情况如图 3-12 所示。

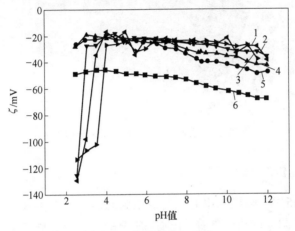

图 3-11　蒙脱石 Zeta 电位

1—Ca^{2+} 浓度为 1.28mmol/L；2—Ca^{2+} 浓度为 0.86mmol/L；
3—Ca^{2+} 浓度为 2.27mmol/l；4—Ca^{2+} 浓度为 0.48mmol/L；
5—Ca^{2+} 浓度为 0.24mmol/L；6—Ca^{2+} 浓度为 0mmol/L

蒙脱石层片为 2:1 型，二表面均为硅氧四面体，底面为氧原子层，端面为羟基。底面离子的吸附主要为静电吸附，端面与高岭石端面类似。由此，蒙脱石在 pH 值小于 10.60 的环境下，对 H^+ 的表观吸附量随 H^+ 滴定量的增大而增大。比较高岭石及石英颗粒，由于蒙脱石的粒度较小，其对 H^+ 及 OH^- 的吸附量较大，如图 3-12 所示。

在 pH 值低于 3、Ca^{2+} 浓度大于 0.86mmol/L 的环境中，蒙脱石单元层在 Ca^{2+} 的作用下发生了聚集，利用激光粒度分析发现，在 Ca^{2+} 浓度为 2.27mmol/L 的环境中，pH 值从 4 到 2，颗粒 $D25$ 从 5.239μm 聚集到 8.641μm。$D50$ 从 8.317μm 聚集到 12.938μm。由于蒙脱石单元层粒度极小，ESA 无法探测其 Zeta 电位，而单元层通过聚集作用或在其他较大颗粒表面的黏附作用，使得其粒度满足 ESA 的测定范围，此时颗粒表面 Zeta 电位性质显示为荷负电较多的蒙脱石单元层的性质，因此此时被测颗粒表面的 Zeta 电位突然降低。也因粒度的变大，此时 H^+ 的吸附量较不添加 Ca²⁺时低，如图 3-12 所示。在 pH 值大于 7 的情况下，通过加入 Ca²⁺，Zeta 电位升高，这是作为抗衡离子的 Ca²⁺在蒙脱石表面压缩双电层所致。

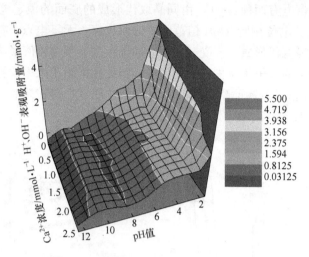

图 3-12　蒙脱石 H^+、OH^- 的表观吸附量

3.2.4　煤泥水粒群的 Zeta 电位

在 XRD 分析中，煤泥水中的主要矿物为高岭石、石英及蒙脱石。从图 3-13 煤泥水的表观吸附量的角度来看，随着 pH 值的升高煤泥颗粒的去质子化作用亦升高，对比三种黏土矿物对 OH^- 的吸附，高岭石及石英符合该规律，而蒙脱石与此相反，且煤泥颗粒对 OH^- 的表观吸附量较大，因此煤泥水中大量赋存了粒度极细的高岭石及石英颗粒，而蒙脱石颗粒的含量较少。

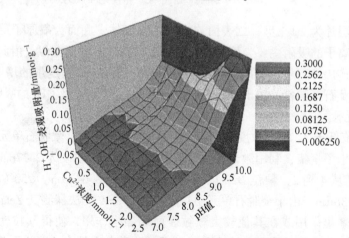

图 3-13　煤泥水 H^+、OH^- 的表观吸附量

比较不同矿物 Zeta 电位结果，因为煤泥水并非不同矿物简单的混合，其 Zeta 电位与纯矿物的 Zeta 电位有较大的区别。图 3-14 显示，在 Ca^{2+} 浓度小于 0.71mmol/L 环境中，煤泥颗粒的 Zeta 电位随 Ca^{2+} 浓度的升高而升高；在 Ca^{2+} 浓度大于 0.71mol/L 小于 1.49mol/L 环境中，煤泥颗粒 Zeta 电位随 Ca^{2+} 浓度的升高而降低；在大于 1.49mol/L 后 Zeta 电位无明显变化。与此相对应的是，在 Ca^{2+} 浓度大于 1.49mol/L 环境下煤泥水压缩区界面较清晰，压缩区为较稳定的胶体，澄清效果较自由沉降好，如图 3-15（c）、（d），该现象无法用 DLVO 理论解释。由此，对其沉降机理描述如下：

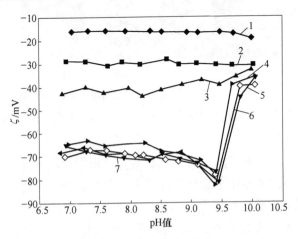

图 3-14 煤泥水 Zeta 电位

1—Ca^{2+} 浓度为 0.71mmol/L；2—Ca^{2+} 浓度为 0mmol/L；

3—Ca^{2+} 浓度为 1mmol/L；4—Ca^{2+} 浓度为 2.56mmol/L；

5—Ca^{2+} 浓度为 2.27mmol/L；6—Ca^{2+} 浓度为 2mmol/L；

7—Ca^{2+} 浓度为 1.49mmol/L

（1）石英颗粒的影响：随着 Ca^{2+} 浓度的增大，石英颗粒发生 Zeta 电位符号的改变，如图 3-8 所示。此时石英表面会吸附 Zeta 电位反号的矿物形成大颗粒作斯托克斯沉降。

（2）蒙脱石颗粒的影响：图 3-15（c）、（d）表明，试验用煤泥水的压缩区界面较清晰，在利用 Ca^{2+} 处理煤泥水的过程中，压缩区的清晰界面主要是蒙脱石造成的。为此在刘炯天等人关于 Ca^{2+} 处理富含蒙脱石矿物煤泥水研究基础上，阐述了蒙脱石对煤泥水沉降的影响，并以如下 3 种情形描述：

1）分散情形，如图 3-16（a）、（c）描述为不加 Ca^{2+} 情形，蒙脱石片层在煤泥水中分散开，与其他粒度较大的矿物颗粒均匀混合。由于蒙脱石表面为氧层，水化作用极强，蒙脱石片层间的作用为表面水化膜之间的排斥作用，当然蒙脱石颗粒也受到 DLVO 理论的分散作用，其他矿物颗粒遵循 DLVO 理论均匀散布在溶剂中，此时煤泥水沉降 30min 的情况如图 3-15（a）所示。

(a)   (b)   (c)   (d)

图 3-15   不同 Ca²⁺ 浓度下煤泥水沉降 30min 的效果

（a）自由沉降；（b）Ca²⁺ 浓度为 1mmol/L；（c）Ca²⁺ 浓度为 1.49mmol/L；

（d）Ca²⁺ 浓度为 2.56mmol/L

2）网络情形。如图 3-16（b）、（d）描述：由于蒙脱石片层表面的亲水性及其表面显负电，Ca²⁺ 在水中形成较水分子大的水合离子，水合离子能够被两蒙脱石单元层底面吸引，形成共用水合离子，将蒙脱石片层黏结起来，如图 3-16（b）所示。其中每个 Ca²⁺ 黏结点都是黏结-断开的平衡状态，直到 Ca²⁺ 量超过临界黏结网络浓度 1.49mmol/L，黏结作用才能够克服断开作用以至形成蒙脱石单元层网络沉降状态，如图 3-16（d）所示。由于 Ca²⁺ 浓度大于 1.49mmol/L 时，煤泥水在沉降初期蒙脱石单元层的连接作用就已大于断开作用，因此在沉降初期蒙脱石单元层即开始形成网络并夹带煤泥水中其他矿物颗粒将片层间的水分子排开，使得澄清区无残留的矿物并形成稳定的压缩区，由于网络具有一定的稳固性，因此与排开的澄清水形成较清晰的界面，该过程与 CaCl₂ 制作豆腐的机理类似，另外，重力也是排水作用力之一，其沉降效果如图 3-15（c）所示。网络的稳固性另一方面表现在其对较小剪切作用的抗衡，例如，此时在测量煤泥颗粒 Zeta 电位时，Zeta 电位仪的剪切力作用将蒙脱石网络打散，由于连接作用，使得蒙脱石单元层在其他矿物颗粒表面形成罩盖，由于蒙脱石单元层荷负电较多，因此在 Ca²⁺ 浓度大于 1.49mmol/L 环境下，被测矿物颗粒的 Zeta 电位会突然降低，如图 3-14 所示。另外，在 Ca²⁺ 浓度大于临界浓度时、pH 值小于 9.5 的环境下，随着 pH 值的升高，颗粒表面硅羟基去质子化升高，图 3-14 中 Zeta 电位降低；pH 值大于 9.5 的环境下，Ca²⁺ 在表面形成沉淀吸附，黏结性降低，蒙脱石网络被破坏，被测矿物颗粒无蒙脱石单元层的附着，故 Zeta 电位突然升高，且由于颗粒的分散，比表面积增大，图 3-13 中 OH⁻ 的表观吸附量突然增大。

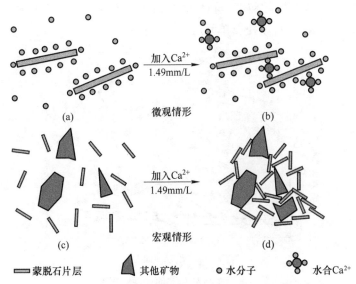

图 3-16　添加 Ca^{2+} 前后蒙脱石与其他矿物分散状态对比图

稀释样品无法准确衡量煤泥水的 Zeta 电位，因为样品稀释使得蒙脱石单元层的断开概率变大，导致原本附着在颗粒表面的蒙脱石单元层扩散到溶液中，因此待测颗粒为矿物本身的 Zeta 电位，其值随 Ca^{2+} 浓度的升高而升高，因此稀释的煤泥水样品不适于用来测定煤泥水的 Zeta 电位。

3）半分散半网络情形。如图 3-16（b）所示，此时 Ca^{2+} 浓度小于 1.49mmol/L，沉降初期蒙脱石单体并没有形成网络状态，因此此时测定的 Zeta 电位值的绝对值小于 Ca^{2+} 浓度高于 1.49mmol/L 情形。如图 3-14 所示，测定的 Zeta 电位值不但受 Ca^{2+} 吸附作用的影响，还受蒙脱石单元层在颗粒表面附着的影响：随 Ca^{2+} 浓度的升高，Zeta 电位首先增大，这是 Ca^{2+} 在颗粒表面的吸附量增大所致；达到一定值后，Zeta 电位开始下降，这是蒙脱石单元层在颗粒表面的附着量增大所致。随着沉降的进行，图 3-15（b）中，蒙脱石单体在沉降区浓缩，单体能够碰撞黏结的概率逐渐加大，直到黏结作用大于断开作用，形成网络模型状态。因为形成网络状态前不在沉降区的细粒矿物没有受到蒙脱石的网络作用，残留在澄清区，因此澄清区较浑浊。因为蒙脱石的网络作用，最终形成的压缩区界面较清晰。

3.2.5　Ca^{2+} 的表观吸附量

测定不同黏土矿物初始环境为去离子水的 Ca^{2+} 的表观吸附量，如图 3-17 所示。黏土类矿物对 Ca^{2+} 的吸附为在 OHP（包括 OHP）以外的吸附，高岭石及石英矿物对 Ca^{2+} 的吸附随着 Ca^{2+} 浓度的升高而增大。蒙脱石及煤泥水为先增大，再减小，再增大，先增大是矿物对 Ca^{2+} 的静电吸附作用，减小是由于蒙脱石片层表面形成网络结构提高颗粒粒度，再增大是由于 Ca²⁺形成了沉淀吸附，网络结构被打散，这印证了 Ca²⁺对蒙托石单元层的连接作用。

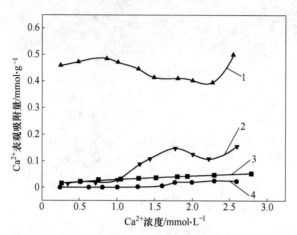

图 3-17　样品对 Ca²⁺的表观吸附量
1—蒙脱石；2—煤泥水；3—高岭石；4—石英

　　因为三种矿物的粒度从大到小依次为石英、高岭石、蒙脱石，且蒙脱石同晶取代较高岭石、石英多。因此，对 Ca²⁺的表观吸附量从大到小依次为蒙脱石、高岭石、石英。

4 蒙脱石在水溶液中的剥离行为

碱金属基的蒙脱石在水溶液中极易发生剥离，对于赋存蒙脱石矿物的原矿，蒙脱石在湿法选矿后剥离形成极微细的纳米片层，这些片层给选矿尾水的固液分离带来巨大的难题。钠基蒙脱石的片层之间的结合力较弱，通过较弱的静电力和范德华力相互吸引，当其浸入到水溶液中后，水分子很容易浸入到蒙脱石层间导致膨胀剥离。盐浓度及颗粒的浓度对剥离影响较大，较低的盐浓度及颗粒浓度有助于剥离的发生，因为在较高的颗粒浓度下蒙脱石颗粒之间的斥力较大，妨碍了剥离的发生。

图 4-1 为蒙脱石在异丙醇溶液及水溶液中的 AFM 及 SEM。颗粒在异丙醇溶液中看起来是块状的，剥离的程度极差，而在水溶液中发生剥离后，颗粒呈现片状，剥离后片层的厚度达到了 2nm，表明发生了较大程度的剥离。因此，蒙脱石在水溶液中及异丙醇中的剥离程度差异较大，本章主要通过讨论蒙脱石矿物在水及异丙醇中的粒度变化，阐述蒙脱石矿物在水中的剥离行为。

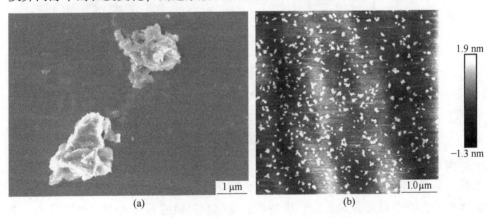

图 4-1 蒙脱石在异丙醇溶液及水中分散的 SEM、AFM

（分散条件为 2000r/min 搅拌 3min）

（a）异丙醇；（b）水

4.1 剥离的表征 1：Stokes 粒度及光学粒度比较

图 4-2 为光学及 Stokes 粒度比较法测定蒙脱石的剥离示意图，当一束光通过分散的颗粒后，颗粒厚度对光散射影响效果不明显，而对 Stokes 粒度影响很明

显，因此，当颗粒光学粒度相似，而 Stokes 粒度显示较大差异时，说明蒙脱石矿物发生了剥离；对于未发生剥离的颗粒，其光学粒度及 Stokes 粒度一定是不变的。因此，通过比较颗粒的光学粒度及 Stokes 粒度，将能够判断蒙脱石颗粒发生剥离的情况。

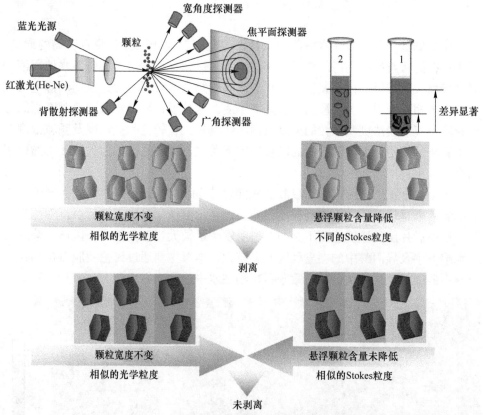

图 4-2　光学及 Stokes 粒度比较法测定蒙脱石的剥离示意图

蒙脱石在水溶液中将会迅速发生剥离，为了能够获得未剥离的蒙脱石的粒度特征，将蒙脱石分别分散在水溶液及异丙醇中，通过比较蒙脱石矿物在水溶液及异丙醇中的光学粒度及 Stokes 粒度特性，能够获得蒙脱石在水中的剥离行为。图 4-3 及图 4-4 分别显示了蒙脱石矿物在水溶液及异丙醇中的 Stokes 粒度及光学粒度。在水溶液及异丙醇中，Stokes 粒度−0.8μm 粒级所占的百分比分别为 49.4% 和 2%，表明蒙脱石在水溶液分散的 Stokes 粒度远小于其在异丙醇中的 Stokes 粒度，但是，二者的光学粒度没有显示显著的差异。该现象表明蒙脱石矿物在水溶液中发生了较大程度的剥离，在有机溶剂中发生的剥离程度较小。另外，蒙脱石在异丙醇中的 Stokes 粒度小于其光学粒度，说明蒙脱石在异丙醇中呈现片状颗粒稳定分散，可以通过分别比较蒙脱石在异丙醇中及水中的 Stokes 粒度与光学粒度，进行剥离的表征。

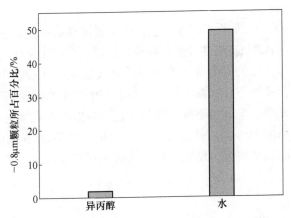

图 4-3　蒙脱石矿物在水溶液及异丙醇中的−0.8um 粒级
Stokes 粒度百分比（2000r/min 搅拌 3min）

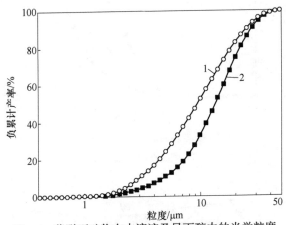

图 4-4　蒙脱石矿物在水溶液及异丙醇中的光学粒度
（2000r/min 搅拌 3min）
1—水；2—异丙醇

4.2　剥离的表征2：在水溶液中及异丙醇溶液中剥离的 Stokes 粒度

由 4.1 节内容可知蒙脱石矿物在水溶液中确实能够发生剥离，在异丙醇中有可能发生较低程度的剥离，为证实这一点，以及确定蒙脱石矿物未剥离的粒度，需要分析蒙脱石在不同体积分数异丙醇水溶液中剥离的 Stokes 粒度。

颗粒在剥离前后受到水的黏滞阻力会变化，因此，可以通过 Stokes 粒度的差异来表述剥离。蒙脱石在水溶液中及异丙醇溶液中的剥离有着显著的差别，在水中蒙脱石会发生显著的剥离，而在异丙醇中蒙脱石的剥离程度不大，因此可以通过蒙脱石矿物在水溶液-异丙醇溶液中沉降的快慢来进一步揭示蒙脱石矿物剥离的情况。

图4-5为高岭石及蒙脱石的光学粒度，图中结果显示，在这一粒度级下，高岭石及蒙脱石在溶液中的沉降将主要受到粒度的影响，可以用来作为比较。图4-6为蒙脱石在不同体积分数的异丙醇水溶液中的剥离情况。在静置沉降3min后测定上清液的透光率，高岭石在水溶液及异丙醇溶液中均不会发生剥离，并且高岭石矿物的上清液透光率基本保持不变，表明在这一粒度级下粒度对沉降的影响较溶液性质对沉降的影响大得多；通过改变溶液环境，调整水-异丙醇的体积比可以用来表征蒙脱石的剥离情况，蒙脱石矿物的透光率变化较大，说明蒙脱石在不同

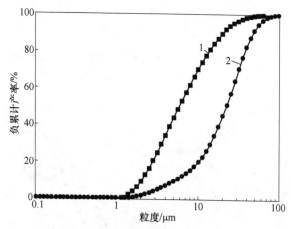

图4-5 蒙脱石与高岭石的光学粒度对比
1—蒙脱石；2—高岭石

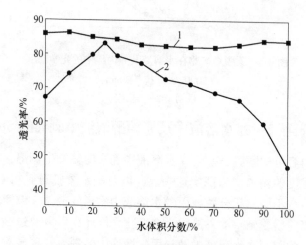

图4-6 蒙脱石在不同体积分数异丙醇水溶液中的剥离情况
1—高岭石；2—蒙脱石

的异丙醇水溶液中颗粒本身发生了较大的变化；当蒙脱石在纯水中的沉降速度较缓慢，随着异丙醇浓度的提高，直到异丙醇的浓度达到75%，蒙脱石矿物的沉降速度达到最大，之后蒙脱石矿物的沉降速度又随之减小，直到达到异丙醇溶液中，此时蒙脱石矿物的沉降速度较其在水溶液中依旧大很多，该结果表明，蒙脱石矿物在水溶液中的剥离程度比在异丙醇中的剥离程度大。通过比较异丙醇浓度为75%时高岭石及蒙脱石的光学粒度及Stokes粒度，可以发现此时二者的光学粒度及Stokes粒度均较接近，可以判断在异丙醇浓度为75%时几乎不发生剥离，为蒙脱石矿物的原始粒度，这可以通过蒙脱石与高岭石的光学粒度及Stokes粒度比较得出。

4.3 剪切及浸泡对剥离的影响

剪切及浸泡对蒙脱石矿物的剥离均有促进作用。通过测定蒙脱石在水溶液及异丙醇溶液中受到剪切后的Stokes粒度，可以得到剪切作用对蒙脱石在水中及异丙醇中的剥离影响。图4-7显示了蒙脱石在不同强度剪切下Stokes粒度的变化，随着剪切强度从1000r/min提升到3000r/min，在水溶液中蒙脱石颗粒-0.8μm粒级含量从37.2%提高到了59.8%，表明随着剪切强度的升高，在水溶液中蒙脱石矿物的Stokes粒度显著降低，而在异丙醇中则变化不大，说明层间水化作用对蒙脱石矿物的剥离起到了重要作用，在层间发生水化的作用下，剪切作用就能够提高蒙脱石矿物的剥离程度。类似的情况在不同的剪切时间下也有所体现。图4-8显示了蒙脱石矿物在不同的剪切时间下Stokes粒度的变化，随着剪切时间从0.5min提高到5.0min，在水溶液中蒙脱石颗粒-0.8μm粒度级含量从25%提高到了58%，表明随着剪切时间的延长，在水溶液中蒙脱石矿物的Stokes粒度显著降低，在异丙醇中蒙脱石矿物的Stokes粒度则变化不大。

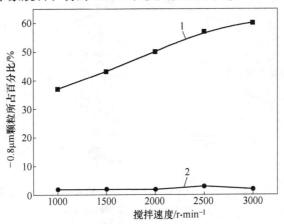

图4-7 不同剪切强度下钠基蒙脱石Stokes粒度-0.8μm粒级百分比

（搅拌时间3min）

1—水；2—异丙醇

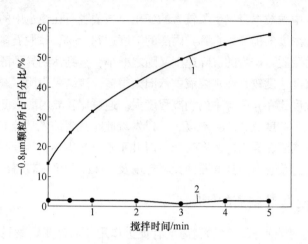

图 4-8　不同剪切时间下钠基蒙脱石 Stokes 粒度-0.8μm 粒级百分比

（搅拌速度 2000r/min）

上述研究均表明层间水化作用能够促使蒙脱石颗粒剥离，在水溶液中长时间的浸泡将会促进层间的水化作用，从而提高蒙脱石的剥离程度。图 4-9 为钠基蒙脱石在水中分散后不同浸泡时间下的蒙脱石 Stokes 粒度-0.8μm 粒级百分比，在水中，随着浸泡时间从 0min 延长到 60min，-0.8μm 粒级组分从 49% 提高到了71%，样品在 30min 前增速较快，30min 后增速减慢，而在异丙醇中则不会发生变化。该结果也表明层间的水化作用能够促进蒙脱石的剥离作用。

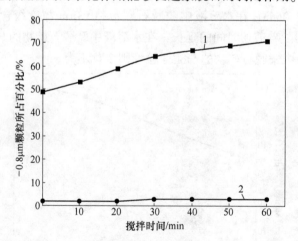

图 4-9　不同静置时间下钠基蒙脱石 Stokes 粒度-0.8μm 粒级百分比

（搅拌速度 2000r/min，搅拌时间 3min）

1—水；2—蒙脱石

5 剥离的机理

蒙脱石剥离是从层与层紧密靠近的初始状态到其完全分离的动态过程。在水溶液中的剥离程度较大，是层间的水化作用促使其剥离；在有机溶剂中的剥离程度较小，有机溶剂进入层间形成溶剂化作用使其剥离。本章主要通过分子动力学模拟获得蒙脱石层间水分子的作用机理，先在蒙脱石层间距变化极小的情况下进行蒙脱石层间水化及溶剂化作用的静态分析，进一步通过试验手段比较水和异丙醇分子进入蒙脱石层间的差别，获得蒙脱石矿物从层与层紧密靠近的初始状态到完全分离状态的动态过程。

5.1 蒙脱石层间水化及溶剂化差异静态分析

5.1.1 层间水化情形

图 5-1（a）为没有水分子进入钠基蒙脱石层间的剥离初始状态。此时蒙脱石结构优化后的晶胞结构为 $a = 1.047$nm，$b = 0.902$nm，$c = 1.088$nm，$\alpha = 90.00°$，$\beta = 98.87°$，$\gamma = 90.00°$。由于层的铝氧八面体上镁对铝的取代作用，形成的正电荷与层间离子相互吸引，导致层间钠离子被吸附到硅氧烷的表面。此时蒙脱石的层间距为 1.097nm。

图 5-1（b）显示了 3 个水分子/晶胞的水分子进入到层间后蒙脱石模拟后的结构，此时晶胞的参数变化为 $a = 1.049$nm，$b = 0.903$nm，$c = 1.089$nm，$\alpha = 90.00°$，$\beta = 98.87°$，$\gamma = 90.00°$。图 5-1（b）结构显示层间钠离子移动到层间中央平面上，蒙脱石矿物层的表面是硅氧烷表面，硅氧烷为对称结构，极性很低，通过浮选试验被证实有一定的疏水性。因此，在两个相邻层硅氧烷表面的排斥作用下，使得层间水分子被排斥到层间中央平面上。离子与水分子的偶极相互作用形成水合离子，这样，水化的钠离子就与层间的水分子共同移动到了层间中央位置平面上。因为此时钠离子移动到了层间中央平面，钠离子到相邻两侧的取代位置相等，与初始位置 a 相比较，离子位置的变化导致层与离子之间的相互作用增大，从而使得层间距从 1.097nm 降低到 1.081nm。

图 5-1（c）显示了 5 个水分子/晶胞的水分子进入到层间后蒙脱石模拟后的结构，此时晶胞结构的参数变化为 $a = 1.049$nm，$b = 0.903$nm，$c = 1.089$nm，$\alpha = 90.00°$，$\beta = 98.87°$，$\gamma = 90.00°$。在 5 个水分子/晶胞的水分子进入到层间后，蒙

脱石层间距增大到 1.235nm。这一结果与先前的研究一致，即随着水分子进入层间蒙脱石的层间距增大。另外，因为层间距增大，导致水分子更加有空间与层形成相互垂直的位置关系。

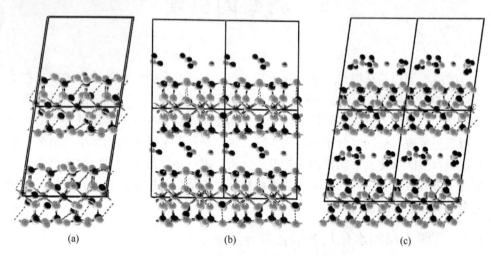

(a)　　　　　　　　(b)　　　　　　　　(c)

图 5-1　水分子在钠基蒙脱石层间的作用机理

（a）无水状态；（b）3 个水分子/晶胞状态；（c）5 个水分子/晶胞状态

5.1.2　层间溶剂化情形

图 5-2 为异丙醇分子进入到蒙脱石层间后钠基蒙脱石的模拟结构。如图 5-2 所示，在异丙醇分子进入层间后，蒙脱石的晶胞参数变为 $a = 1.039$nm，$b = 0.895$nm，$c = 1.199$nm，$\alpha = 90.00°$，$\beta = 98.87°$，$\gamma = 90.00°$。蒙脱石层不临近层间离子部分的硅氧烷表面有着较强的吸附半极性及非极性有机分子的能力。图 5-2 显示了半极性的异丙醇分子中的羟基、次甲基及甲基吸附到相邻蒙脱石层的硅氧烷表面。随着异丙醇分子进入到层间，层间距从 1.097nm 增大到 1.129nm，因为层间受到了异丙醇分子的相互吸引，并且层间距增大量很小，因此，蒙脱石矿物在异丙醇中的剥离作用没有在水溶液中显著。

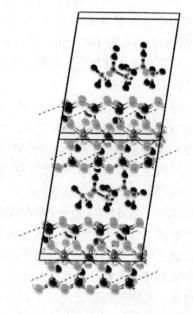

图 5-2　异丙醇分子在钠基蒙脱石层间的作用机理

5.2　蒙脱石层间水化及溶剂化差异过程分析

5.2.1　蒙脱石在水溶液中剥离的第一步

　　层间水化及溶剂化结果分析表明，钠基蒙脱石的层间距很容易被水化作用撑开，而有机溶剂分子则对层间距的作用影响较小。因此，水化是影响层间距主要的作用，而有机溶剂与层间距相关性较小，反之亦然。图 5-3 为蒙脱石在保持体积恒定的条件下吸收异丙醇水溶液的作用结果，随着水体积分数的减小，蒙脱石吸收液体的能力逐渐降低，表明在层间距固定的情况下，水分子难以进入到蒙脱石的层间，而异丙醇分子则可以进入层间。Sposito 等人研究发现，层间硅氧烷的氧原子表面为一层 Lewis 层，能够形成较弱的水化作用，但是，在层间距不变的情况下水分子难以进入层间，这种弱的相互作用无法克服水的表面张力，这种水化作用显然不是水分子进入层间的主要原因。相比较之下，硅氧烷表面对非极性溶剂具有很高的亲附作用，是异丙醇分子能够进入蒙脱石层间的主要原因。

　　ICP 结果表明，能够在水溶液中轻易剥离的蒙脱石层间 Na 离子含量占到3.186%，而较难剥离的蒙脱石层间没有 Na 离子存在。因此可以推断，层间离子的水化作用对层间距地撑开起到了重要作用。层间离子水化撑开层间距，这是剥离的第一步。

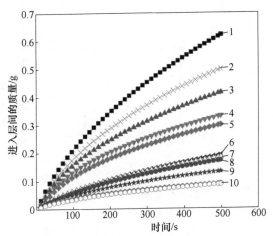

图 5-3　蒙脱石在固定床中吸收不同体积分数的异丙醇水溶液质量

1—0%；2—10%；3—20%；4—30%；5—40%；6—50%；7—60%；8—70%；9—80%；10—100%

5.2.2　蒙脱石在水溶液中剥离的第二步

　　在自由状态下，蒙脱石吸收水的能力要比异丙醇强得多。图 5-4 为热重分析蒙脱石在恒压条件下吸收水及异丙醇的量，结果表明，蒙脱石在恒压条件下层间吸收水的量大于异丙醇的量，在异丙醇作用下剥离的过程中，更多的水分子能够进入到蒙脱石的层间，是层间距被撑开后水分子进入层间所产生的效果，这是形成剥离的第二步。

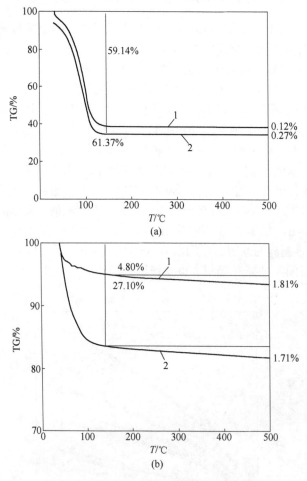

图 5-4　热重分析蒙脱石吸收水及异丙醇的量

(a) 水；(b) 异丙醇

1—未发生剥离的蒙脱石；2—发生剥离的蒙脱石

5.3　层间水化与溶剂化对剥离作用的区别

图 5-5 为水化与溶剂化对蒙脱石剥离影响的区别。图 5-6 显示了钠基蒙脱石剥离后水及异丙醇在蒙脱石表面的吸附。图 5-5（a）展示了蒙脱石矿物层间水化的两个步骤，在第一步中，水分子被吸附到层间钠离子的表面，层间距随之撑开；在第二步中，其他的水分子进入到撑开的蒙脱石层间，层间的引力进一步降

低，层间距进一步增大，蒙脱石矿物发生剥离。图 5-5（b）展示了异丙醇在蒙脱石层间的溶剂化作用，如图所示，在异丙醇作用下的剥离只有一步，即异丙醇分子进入到层间，蒙脱石层间距增大很小，蒙脱石层与层之间的吸引力降低很小，导致蒙脱石发生很低程度的剥离。图 5-6（a）和图 5-6（b）显示蒙脱石剥离后层间钠离子成为表面吸附的水合钠离子，图 5-6（c）和图 5-6（d）显示异丙醇分子中的—CH$_3$和—OH 等基团吸附在了蒙脱石的硅氧烷表面，剥离后的蒙脱石片层表面吸附情况如图 5-5 所示。

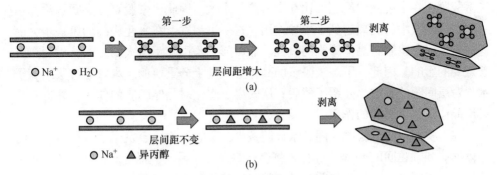

图 5-5　水化与溶剂化对蒙脱石剥离影响图示

（a）水；（b）异丙醇

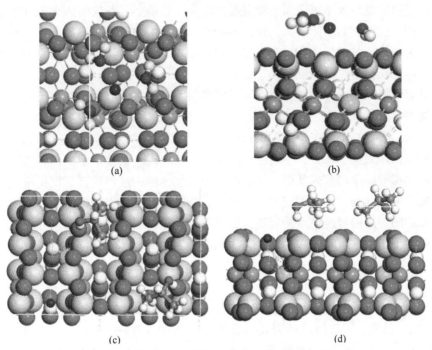

图 5-6　水与异丙醇在蒙脱石表面作用俯视及正视图

（a）水，俯视图；（b）水，正视图；（c）异丙醇，俯视图；（d）异丙醇，正视图

6 晶体膨胀对剥离的作用

蒙脱石层间离子水化导致层间距撑开，更多的水分子能够进入蒙脱石层间，使得蒙脱石在水溶液中的剥离比在有机溶剂中大。因此，蒙脱石的层间水化作用对其在水溶液中的剥离起到了主导作用。这一过程发生在水化剥离的第一步，而这一步隶属于蒙脱石晶体膨胀的过程。晶体膨胀是层间距增大的开始，对剥离有着重要的影响。因此，了解蒙脱石的晶体膨胀是十分重要的。本章通过层间离子水化对层间距的影响，介绍了蒙脱石层间离子水化对晶体膨胀的作用，并进一步讨论晶体膨胀对剥离的作用。

在真实的干燥试验中，随着水分的减少，蒙脱石片层会发生重新排布，此时晶体膨胀和颗粒间的 Brownian 膨胀将会同时发生，因此，很难通过真实的试验单独研究晶体膨胀。例如，先前的晶体膨胀试验研究结果显示，钙基蒙脱石的层间距试验值竟然大于钠基蒙脱石的层间距试验值，XRD 结果显示，碱土金属基蒙脱石的层间距竟然大于碱金属基蒙脱石层间距，铯基蒙脱石层间距大于钾基蒙脱石层间距，这显然与实际剥离的情况不一致，先前的剥离结果显示，蒙脱石的剥离程度为 Li-Mt>Na-Mt>K-Mt>Cs-Mt>Mg-Mt>Ca-Mt。因此，在颗粒间的相互作用下，晶体膨胀很难被试验测定。

计算机模拟能够在分子的尺度下研究蒙脱石的膨胀性质。通过分子动力学模拟，能够将颗粒间的相互作用排除。然而，先前的模拟研究结果显示，Na-Mt、K-Mt、Mg-Mt 及 Ca-Mt 在晶体膨胀过程中，互相之间的层间距出现相似的结果。这与剥离的结果也不一致，不足以解释蒙脱石的剥离。在本章中，作者通过分子动力学模拟对碱金属基以及碱土金属基蒙脱石晶体膨胀过程进行了模拟研究，与先前的研究不同的是，为了研究离子水化对蒙脱石晶体膨胀的作用，层间离子被安置在了临近层内置换位点的表面，水分子被安放在层间离子周围。并通过半径分布函数及扩散系数对层间离子水化作用进行了分析。

6.1 模型的建立

碱金属蒙脱石及碱土金属蒙脱石模型通过 Materials Studio 8.0 建立。空间群为 $C2/m$。晶胞参数初始设置为 $a = 0.520$nm，$b = 0.897$nm，$\alpha = \gamma = 90.000°$，$\beta = 98.866°$，$c$ 值取决于层间水分子的作用。如图 6-1 所示，为构建的蒙脱石超胞结构，每个超胞结构含有 4×2×2 个单晶胞。先前的研究结果显示，钠基蒙脱石的

Zeta 电位在-40mV 左右，钙剂蒙脱石的 Zeta 电位在 10mV 左右，单晶胞的化学式为：

$$Cation0.25(Al_{3.5}Mg_{0.5})Si_8O_{20}(OH)_4$$

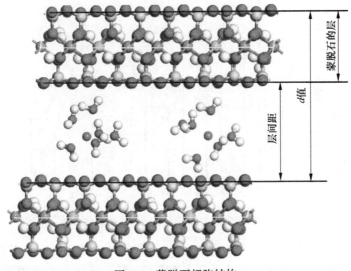

图 6-1　蒙脱石超胞结构

6.2　晶体膨胀后蒙脱石的层间距

　　图 6-2 显示了当水分子全部进入层间后蒙脱石的晶层间距 d 值，该 d 值是蒙脱石发生晶体膨胀后的 d 值。随着层间离子原子序数增大，蒙脱石 d 值降低，表明蒙脱石的剥离主要受到晶体膨胀的影响。当蒙脱石的膨胀从晶体膨胀转变为渗透膨胀（d 值大于 2.2nm）后，蒙脱石的晶体会变得不稳定而自发剥离。晶体膨胀后 Na-Mt、K-Mt、Cs-Mt、Mg-Mt 的 d 值分别为 2.06nm、1.84nm、1.68nm、1.17nm，均低于 2.2nm。在这种情况下还需要剪切作用帮助剥离，所需的剪切力顺序 Mg-Mt>Cs-Mt>K-Mt>Na-Mt。从而，蒙脱石的剥离顺序应该是 Na-Mt > K-Mt > Cs-Mt > Mg-Mt。这一结果与先前的剥离试验结果一致，也就是 Na-Mt > K-Mt > Cs-Mt > Mg-Mt，所以，蒙脱石剥离的主要原因是晶体膨胀作用。

　　Ca-Mt、Sr-Mt 和 Ba-Mt 的 d 值在所有蒙脱石中最低。Ca-Mt、Sr-Mt 和 Ba-Mt 的层间距很难被撑开，表明 Ca-Mt、Sr-Mt 和 Ba-Mt 很难发生晶体膨胀，肉眼所见的 Ca-Mt、Sr-Mt 和 Ba-Mt 的膨胀为颗粒间的 Brownian 膨胀。这些蒙脱石都属于碱土金属基的蒙脱石。因此，碱金属基蒙脱石和碱土金属基蒙脱石的晶体膨胀的区别主要受到了层间离子价态的影响。

　　相比较于钠基蒙脱石，钙剂蒙脱石的膨胀要低得多，是因为钠基蒙脱石晶体膨胀、渗透膨胀及 Brownian 膨胀可以同时发生，而钙剂蒙脱石只有 Brownian 膨

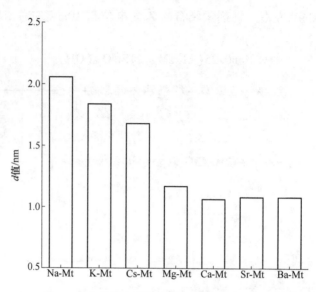

图 6-2　水分子全部进入层间后蒙脱石的 d 值

胀发生。当溶液中同时存在 Na^+ 和 Ca^{2+} 两种离子时，蒙脱石只会发生轻微的膨胀，除非钠离子的浓度大于钙离子几个数量级。综上所述，相比较于先前的模拟研究研究，钠基蒙脱石与钙剂蒙脱石晶体膨胀的 d 值显示了类似的结果，本书中的晶体膨胀结果与试验是吻合的。

6.3　层间水化的过程

晶体膨胀的过程也是蒙脱石层间水化的过程。图 6-3 显示了 Na-Mt、K-Mt、Cs-Mt 和 Mg-Mt 晶体膨胀的过程。图中显示蒙脱石的晶体膨胀过程如下：在膨胀的起始，即在没有水分子进入层间的情况下，Na^+、K^+ 和 Cs^+ 处在层的表面附近，如图 6-3（1）所示，这主要是因为 Na^+、K^+ 和 Cs^+ 与层间表面的氧原子有较大的相互作用。先前的试验研究也给出过类似的结果。镁离子则处在层间的中间平面区域，这一结果也与先前的研究一致。

在有三个水分子/离子进入层间后，如图 6-3（2）所示，Na^+、K^+ 和 Cs^+ 移动到了层间的中间平面附近，水分子受到层间硅氧烷表面的排斥，使得 Na^+、K^+ 和 Cs^+ 离子随着水分子移动到了中间平面附近。

在此之后，如图 6-3（3）所示，更多的水分子吸附到了 Na^+、K^+ 和 Cs^+ 上，此时水分子能够在层的中间平面位置附近移动，使得 Na-Mt，K-Mt 和 Cs-Mt 的层间距在层间离子水化作用下撑开，然而，镁基蒙脱石的 d 值增加很小，因为镁离子是二价离子，对相邻层的吸引较碱金属离子大得多，在较大的层间相互吸引力下，镁离子的水化层被相邻层挤扁，不能形成较大的晶体膨胀作用。

在晶体膨胀的最后，如图 6-3（4）、（5）和（6）所示，随着 12、24、20 和 9 个水分子/离子进入 Na-Mt、K-Mt、Cs-Mt 和 Mg-Mt 层间，蒙脱石 d 值达到了最大，这些水分子均包围着层间离子。后续进入的水分子填充了剩余的空间，晶体膨胀的最后过程对 d 值的影响不大。因此，晶体膨胀过程中离子水化对层间距地撑开做出了显著贡献。

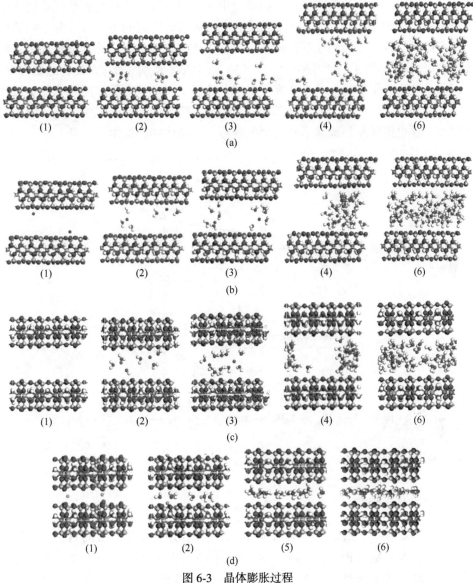

图 6-3 晶体膨胀过程

（a）Na-Mt；（b）K-Mt；（c）Cs-Mt；（d）Mg-Mt

（1）无水；（2）三个水分子/离子；（3）五个水分子/离子；（4）二十个水分子/离子；

（5）九个水分子/离子；（6）层间充满水

晶体膨胀的过程的 d 值变化如图 6-4 所示。在 12、24、20 和 9 个水分子/离子进入 Na-Mt、K-Mt、Cs-Mt 和 Mg-Mt 层间之前，这些蒙脱石的层间距随着水分子的进入非线性单调增大。在 12、24、20 和 9 个水分子/离子进入 Na-Mt、K-Mt、Cs-Mt 和 Mg-Mt 层间后，直到层间充满水分子，层间距几乎不发生增大。最终 d 值的大小为 Na-Mt > K-Mt > Cs-Mt > Mg-Mt。先前的研究中不同基的蒙脱石晶体膨胀过程的层间距变化基本类似，而本节中晶体膨胀 d 值模拟与先前试验研究中的剥离结果相吻合。先前研究中 d 值变化的误差可能由层间离子及水分子初始位置的不恰当所致。层间离子应该放置于层取代点位表面附近。并且，水分子应该安置在层间离子周围，如图 6-3（2）、（3）、（4）所示。然而，在先前的研究中，层间离子及水分子被随意地安放在了层间，这样层间离子水化作用就不能够被计算出来。因此，层间离子及水分子的初始位置在现有的 MD 模拟中决定了模拟的正确性，这也说明是层间离子水化为蒙脱石发生晶体膨胀提供了能量。

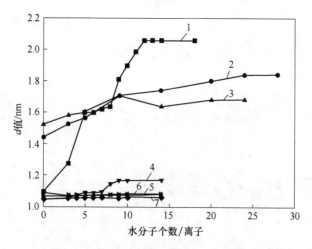

图 6-4　层间水含量对蒙脱石 d 值的作用

1—Na-Mt；2—K-Mt；3—K-Mt；4—Mg-Mt；5—Sr-Mt；6—Ba-Mt；7—Ca-Mt；

6.4　层间离子水化

6.4.1　径向分布函数

在晶体膨胀中，层间离子水化起到了决定性作用。蒙脱石层间离子水化可以通过径向分布函数（RDF）分析。图 6-5 和图 6-6 为碱金属蒙脱石及碱土金属蒙脱石层间距达到平衡时层间水化离子的径向分布函数。每个图中均有 3 个峰值，分别表示第一、第二及第三层水化层。层间钠离子的第一层水化层出现在 0.24nm 处，随着原子序数的增加，水化层半径不断增大，同时，纵坐标 $g(r)$ 值减小。随着水化半径的增大，水分子与阳离子之间的距离增大，使得水分子与阳离子之间的相互吸引力降低，从而使得离子水化强度随之降低，同族的离子水化层的强度随着原子序数的增高而降低，造成用来撑开层间距的离子水化力降低，因此，$g(r)$ 值与层间距之间形成正相关，即 Na-Mt > K-Mt，Mg-Mt > Ca-Mt > Sr-Mt > Ba-Mt。

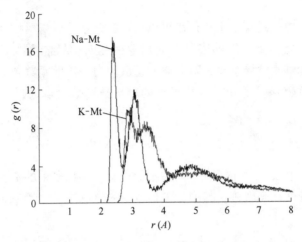

图 6-5　碱金属基蒙脱石矿物层间距达到平衡时层间水化离子的径向分布函数

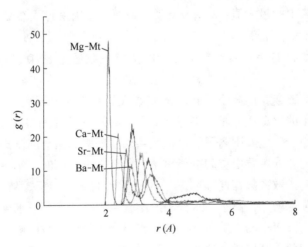

图 6-6　碱土金属基蒙脱石矿物层间距达到平衡时层间水化离子的径向分布函数

　　与自由水中的离子水化作用相比，层间的离子水化作用被增强了。例如，在钠基蒙脱石晶体膨胀模拟结果中，有 12 个水分子包围着一个钠离子，这与先前的 FTIR 试验研究结果相吻合，即每个层间离子大概能够极化 12 个水分子。而在自由水中被一个离子极化的水分子数远小于 12（为 4 个水分子/Na^+）。多个水分子在自由水中以水簇的形式存在，而在层间因为空间狭窄，这种水簇作用被减弱了，使得水分子之间的氢键作用降低了。并且，层间水分子的扩散能力较自由水差一个数量级。这也使得层间离子水化作用较自由水分子大得多。因此，可以明确的是，是增强的离子水化作用提供了晶体膨胀所需的能量。

6.4.2 扩散系数

在模拟中，层间的离子水化作用可以通过扩散系数分析。扩散系数是表示对象扩散能力的重要参数，能够表示一对对象的相对扩散能力。对于多对象的系统，扩散系数能够表示体系每一对对象的扩散能力。扩散系数越高，表明其扩散到对方的能力就越强。水分子以及离子的自扩散系数可以通过爱因斯坦关系式表达。

$$D = \frac{1}{6Nt} \langle |r(t) - (r)|^2 \rangle \tag{6-1}$$

式中，N 为原子个数；t 为时间；r 为原子的位置；尖括号中的量表示平均时间下所有水分子系统的动态轨迹。其中，尖括号中的量也被称之为 MSD，可以通过式 (6-2) 计算：

$$\text{MSD} = \langle |r(t) - r|^2 \rangle = \frac{1}{n} \sum_{i=1}^{n} |r(m+i) - r(i)|^2, \quad 0 < m + n = k \tag{6-2}$$

式中，m 是计算中的最大值；n 用来计算平均数；k 用来计入总量。MSD 的总量可以通过式 (6-2) 计算，其中包含 6 个分量，分别为 xx、yy、zz、xy、xz、yz。晶体膨胀的蒙脱石的层间离子与水分子的扩散系数通过 MSD 及模拟计算出来，见表 6-1。

表 6-1 表明碱金属阳离子的自扩散系数大于碱土金属阳离子的自扩散系数。当层间空间离子的价态较大时，层与阳离子之间的吸引力较大。碱土金属阳离子的自扩散系数小于碱金属阳离子的自扩散系数，证实了碱金属阳离子和碱土金属阳离子的 d 值的差异主要由层间抗衡离子的价数决定。同时，结果还表明，层间抗衡阳离子的自扩散系数与同族阳离子的原子数的顺序相反。随着原子数降低，离子水化层的强度增加，离子与水分子的结合更紧密，水分子随着离子的移动变得更紧密。抗衡阳离子的自扩散系数与同族阳离子的原子数的顺序相反，层间阳离子的水合作用随着其原子序数的降低而增加。

表 6-1 还显示了阳离子周围的水化层中水分子的自扩散系数。随着层间离子原子序数提高，周边水分子的自扩散系数降低。晶体膨胀结果表明，随着层间离子的原子序数增加，蒙脱石的 d 值降低，水分子在层间空间中扩散将更加困难，使得水分子的自扩散系数随元素数增加而降低。特别是当元素数大于 Ca 时，自扩散系数接近于 0，意味着水分子难以进入层间空间，层间阳离子水化作用很难

在 Ca-Mt、Sr-Mt 和 Ba-Mt 层间空间中自发地进行，使得结晶膨胀很难自发地实现，表明 Ca-Mt、Sr-Mt 和 Ba-Mt 发生的膨胀仅为颗粒之间的 Brownian 膨胀，该结果与先前的研究一致，并证实 Na$^+$对 Ca-Mt 的离子交换是一个困难的过程，需要长的交换时间（12h 水浴震荡）和高盐浓度（NaCl 1mol/L）。

表 6-1　层间离子与水分子的扩散系数

类　型		$D($阳离子$)/m^2s^{-1}$	$D($水分子$)/m^2s^{-1}$
碱金属-Mt	Na-Mt	$1.719×10^{-7}$	$1.992×10^{-7}$
	K-Mt	$9.475×10^{-8}$	$1.410×10^{-7}$
	Cs-Mt	$1.769×10^{-8}$	$6.775×10^{-8}$
碱土金属-Mt	Mg-Mt	$3.200×10^{-10}$	$7.206×10^{-8}$
	Ca-Mt	$2.717×10^{-10}$	$3.662×10^{-9}$
	Sr-Mt	$1.672×10^{-11}$	$4.383×10^{-9}$
	Ba-Mt	0	$1.852×10^{-9}$

7　超声与剪切剥离

在另一方面，蒙脱石是一种有价值的层状硅酸盐矿物，剥离的蒙脱石作为一种纳米材料，具有广泛的用途，例如可用作生物降解的聚合物增强剂、离子交换剂、吸附剂、催化剂载体、脱色剂等。蒙脱石的单层为 2：1 型，这表明蒙脱石纳米片具有比石墨烯纳米片更好的机械/热稳定性、阻隔性等，剥离的纳米片在氢蓄电池、催化剂和其他潜在纳米材料领域中有着较好的应用前景。例如，在传统的聚合物工业中，环境问题和石油消耗问题凸显，可生物降解聚合物的应用在过去二十年中受到广泛关注，天然可生物降解材料显示出较差的机械、阻隔和热特性，层状蒙脱石薄膜是提高可生物降解聚合物质量的必要填充材料，剥离纳米片的性能高于插层纳米片，并具备较高的杨氏模量，较大的断裂伸长率和更好的热稳定性，可以完全分散到聚合物基质中提高材料的性能。

在液体中，蒙脱石能够在超声及剪切的作用下形成剥离。超声波可以产生空化作用，微泡由压力波动产生，并且在极短的时间内形成绝热崩溃，空化作用可以渗透到蒙脱石颗粒的层间中并引爆，从而通过空化效应将蒙脱石剥离成纳米片；液体中的剪切效应可以产生湍流，蒙脱石颗粒也可以在湍流和滚动叶轮的作用下发生剥离。本章比较了与超声与剪切对蒙脱石剥离的作用，激光粒度分析和 Stokes 粒度分析评估了剥离过程，并通过 AFM 观察了剥离的蒙脱石纳米片的形态。

7.1　超声及剪切剥离后蒙脱石的激光粒度

在不同超声强度及时间作用下剥离的蒙脱石颗粒的累计粒度分别如图 7-1 和图 7-2 所示。图中结果表明，随着超声强度的提高及超声时间的延长，颗粒粒度减小，剥离的蒙脱石颗粒的量提高，说明超声方法可以实现蒙脱石的剥离。即使仅在 100W 的超声强度下处理 4min，蒙脱石也会发生剥离，说明超声是剥离蒙脱石的有效方法。

不同剪切强度和时间作用后的蒙脱石颗粒的激光粒度分布分别如图 7-3 和图 7-4 所示。随着剪切强度的增加及剪切时间的延长，颗粒粒度降低，这表明剥离也可以通过剪切方法实现。

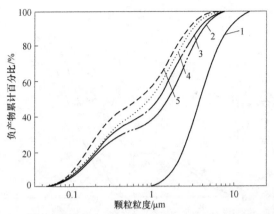

图 7-1 不同超声强度作用下蒙脱石颗粒激光粒度（处理时间 4min）

1—原样；2—100W；3—200W；4—300W；5—400W

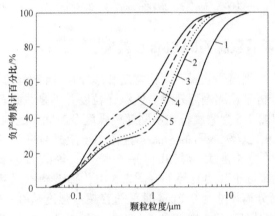

图 7-2 不同超声时间作用下蒙脱石颗粒激光粒度（超声强度 400W）

1—原样；2—15s；3—30s；4—1min；5—4min

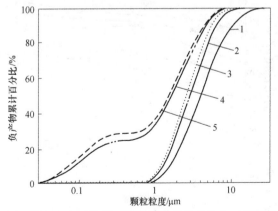

图 7-3 不同的剪切强度下蒙脱石颗粒的激光粒度分布（剪切时间 2min）

1—原样；2—20000r/min；3—26000r/min；4—27000r/min；5—28000r/min

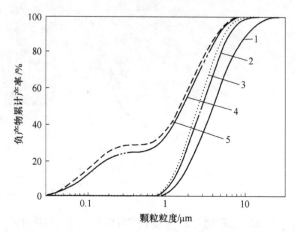

图 7-4　不同剪切时间作用下蒙脱石颗粒激光粒度分布（剪切时间 2min）

1—原样；2—20000r/min；3—26000r/min；4—27000r/min；5—28000r/min

7.2　超声及剪切后蒙脱石的 Stokes 粒度

　　与原颗粒相比，剥离的蒙脱石颗粒宽度和厚度尺寸都明显减小了。因此，可以通过激光粒度分析来检测剥离效果。但激光粒度并不是蒙脱石片层的真正的几何尺寸。图 7-5 和图 7-6 为蒙脱石在不同超声强度及时间下的 Stokes 筛下百分比，与图 7-4 和图 7-5 相比，蒙脱石的 Stokes 直径小于激光粒度直径。片层对光衍射形成的随机取向平均长度大于其几何平均长度，等效直径大于 Stokes 直径，Stokes 粒度检测更接近于几何直径。在图 7-5 中，随着超声强度的增大，颗粒粒径减小，例如，当分离尺寸为 $0.2\mu m$ 时，随着超声强度从 0W 增加到 400W，细粒级产物的百分比从 43.18% 增加到 61.09%；在图 7-6 中，随着超声时间的增加，颗粒尺寸显著减小。此表明蒙脱石颗粒可以通过超声波剥离。

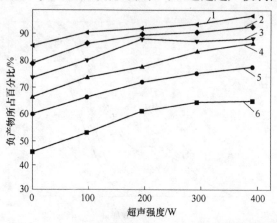

图 7-5　分离粒度在 $0.2\mu m$ 至 $1.2\mu m$ 不同超声强度下的 Stokes 细粒级百分比（处理时间 4min）

1—1.2μm；2—1.0μm；3—0.8μm；4—0.6μm；5—0.4μm；6—0.2μm

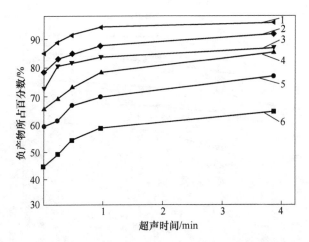

图 7-6　分离粒度在 0.2μm 至 1.2μm 不同超声时间下的 Stokes 细粒级百分比（超声强度 400W）

1—1.2μm；2—1.0μm；3—0.8μm；4—0.6μm；5—0.4μm；6—0.2μm

　　图 7-7 和图 7-8 分别显示了不同剪切强度和剪切时间的 Stokes 粒度。图 7-7 结果表明随着剪切强度的增大，蒙脱石颗粒粒径减小，例如，当分离尺寸为 0.2μm 时，随着剪切强度从 0 增加到 27000r/min，筛下物的百分比从 43.18% 增加到 57.87%。图 7-8 结果表明，随着剪切时间的延长，筛下物的百分比增加。蒙脱石颗粒可以通过剪切而剥离。

　　在 400W 强度下超声 1min 处理后的蒙脱石样品 $D50$ 为 1.2μm。在 27000r/min 的强度下剪切 1min 处理后的蒙脱石样品 $D50$ 为 2.0μm。并且，比较超声与剪切作用的 Stokes 粒度结果，超声方法可以剥离到更小的粒度。因此，对于蒙脱石颗粒剥离，超声优于剪切。

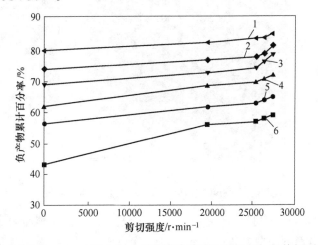

图 7-7　分离粒度在 0.2μm 至 1.2μm 不同剪切强度下的 Stokes 细粒级百分比剪切

1—1.2μm；2—1.0μm；3—0.8μm；4—0.6μm；5—0.4μm；6—0.2μm

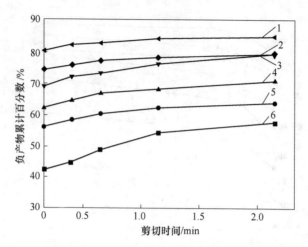

图 7-8　分离粒度在 0.2μm 至 1.2μm 不同剪切时间下的 Stokes 细粒级百分比

1—1.2μm；2—1.0μm；3—0.8μm；4—0.6μm；5—0.4μm；6—0.2μm

7.3　形态学分析

图 7-9 是通过超声法在超声强度为 400W 剥离 4min 后的蒙脱石 AFM 图像，此图表明剥离的蒙脱石片层厚度在 1nm 左右。蒙脱石单层片层接近 1nm，说明超声剥离获得的蒙脱石颗粒几乎都是单层的，因此，可以通过超声方法获得蒙脱石的单层纳米片。

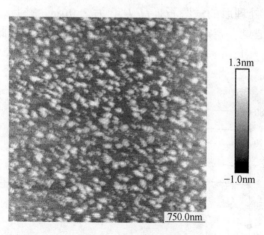

图 7-9　400W 超声剥离 4min 蒙脱石 AFM 图像

图 7-10 为剥离的蒙脱石激光粒度分布，结果显示，细颗粒级颗粒的峰值为 180nm，表明尽管不同剥离条件下细颗粒的百分比不同，但剥离颗粒的尺寸大小是均匀的。

根据 AFM 检测结果,剥离的蒙脱石为单层,达到了剥离的极限,单层蒙脱石的厚度方向的强度与宽度方向的强度之比近似为常数,在厚度接近最小值的情况下,蒙脱石的宽度也应接近最小值,造成激光粒度曲线的细粒级出现180nm峰值。AFM 结果也证明剥离的单片层的宽度约为180nm。因此,剥离的蒙脱石单片层的厚度与宽度的比值约为1∶180。

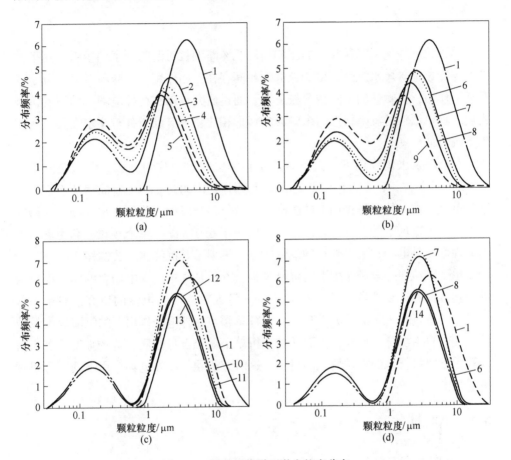

图 7-10 剥离的蒙脱石激光粒度分布

(a) 不同超声强度,处理时间4min;(b) 不同超声时间,超声强度400W;

(c) 不同剪切强度,剪切时间2min;(d) 不同剪切时间,剪切强度27000r/min

1—原样;2—100W;3—400W;4—600W;5—800W;6—15s;7—30s;8—1min;

9—4min;10—2000r/min;11—26000r/min;12—27000r/min;13—28000r/min;14—2min

8 外电场加速尾水沉降单颗粒动力学模拟

单颗粒沉降是忽略颗粒间的互相作用，忽略颗粒对溶剂分子的吸引作用下的外电场加速选矿尾水沉降。由于粒群颗粒间存在互相作用，且颗粒对溶剂分子存在吸引作用，多颗粒的沉降情况较复杂。通过研究单颗粒在外电场作用下的沉降机理，将单颗粒的沉降情形与多颗粒的情形相比较，有助于分析尾水在外电场作用下沉降的机理。

在静电及水化作用下，大量微细矿物颗粒在水中均匀分散，例如粒度小于0.01mm 的颗粒，在重力作用下其沉降速度小于0.0058cm/s，造成循环水细泥积聚。单个颗粒在外电场作用下的沉降速度及位移难以用试验的方法观测，为研究单颗粒在外电场下的沉降，本章针对粒度小于0.01mm 的单个颗粒，利用动力学的原理建立外电场作用下颗粒的沉降模型，模拟了其沉降速度及位移。

单个颗粒在外电场作用下的沉降过程，本质是颗粒受到电场力的作用而形成沿电场方向的运动轨迹，基于 C. Chassagn 等人对高岭土电泳的研究，对单个颗粒进行外电场作用下的动力学分析，计算单颗粒在外电场作用下的沉降速度及位移，并与自由沉降相比较，进而达到分析单个颗粒自身性质、电场强度、沉降时间等因素对该技术的影响情况的目的。这对分析颗粒在外电场作用下的沉降机理有重要意义。

8.1 试验部分

8.1.1 试验样品及药剂

将淮南矿区煤系伴生高岭石破碎纯化作为试验样品，所测算的高岭土电泳微粒粒度在 $4 \sim 6\mu m$ 之间，计算时取 $6\mu m$。氯化钙、氢氧化钠、盐酸等药品由上海化学试剂厂生产。

8.1.2 试验仪器

试验中采用的主要仪器有上海中晨数字技术设备有限公司生产的 JS94H 电泳仪，JJ-1 型搅拌器、PHS-3C 酸度计等。

8.1.3　试验方法

利用去离子水和 $CaCl_2$ 配制成不同 Ca^{2+} 浓度的溶液，用酸、碱滴定液将该溶液 pH 值滴定到 8，称取高岭石样品将该溶液高岭石浓度调整到 500mg/L，采用 JJ-1 型搅拌器在 300r/min 的速度下搅拌 10min，静置老化一天后，摇匀，用电泳仪测定高岭石颗粒粒度、表面 Zeta 电位及其在电场作用下的移动速度。其中电压设定为 20V，电压切换时间为 0.7s，该仪器的极板间距为 1cm。每组试验重复 4 次取平均数作为试验值。

8.2　外电场单颗粒沉降动力学模型建立

8.2.1　颗粒在外电场作用下的动力学

外电场辅助颗粒沉降技术理论上采用竖直布置的两电极，产生竖直方向的电场，根据颗粒表面的荷电性，对颗粒施加向下的电场力，从而实现颗粒在电场作用下的加速沉降。因此，除了颗粒本身的荷电特性外，在外电场作用下沉降的受力对颗粒的沉降影响也是十分显著的。

为检验模型的可靠性，安排电泳实验获取颗粒在外电场作用下的移动速度值，对模拟值进行显著性检验，为获取颗粒在外电场作用下的移动速度及位移，可利用电泳仪对颗粒的放大摄影实现。由于电泳仪的电极水平布置，因此在对模型进行检验时，要去掉模型中竖直方向上的力。颗粒在重力场的作用下，沉降十分缓慢，重力因素对颗粒的影响作用很小，因此电场的方向对颗粒运动轨迹的影响并不显著。在电泳试验中，统一选取尾矿水中的主要矿物高岭石为试验颗粒。

8.2.2　颗粒在外电场作用下的受力情况

微细颗粒自身会受到重力、浮力；由于细粒级颗粒十分微小，会受到水分子热运动造成的布朗作用力；在电场的作用下，颗粒会受到向下的电场力；颗粒在外电场作用下沉降，会体现出惯性力，并且由于与水介质本身的速度差异，会产生曳力、附加质量力、Basset 力、Magnus 力、Saffman 力等。除电场力外，颗粒在水介质中的运动受力情况与固液两相流中自由沉降过程受力情况是类似的。荷电颗粒在电场中受力情况依是否为流体作用产生，可分为以下 3 种情况：

（1）与颗粒与流体之的相对速度无关的力，如重力、浮力、惯性力、布朗作用力等。

（2）与颗粒与流体之间相对速度有关的力，力方向与运动方向平行，如黏性阻力、附加质量力、Basset 力等。

（3）与颗粒与流体之间相对速度有关的力，力方向与运动方向垂直，包括

Saffman 力、Magnus 力等。

颗粒在外电场中沉降时，随颗粒的加速作用，受到的阻力逐渐增大，由于加速作用力不变，颗粒的运动会从加速运动逐渐变为匀速运动。

下面对颗粒所受的力逐一进行分析：

（1）重力。颗粒受到的重力受颗粒的体积及密度影响，假设颗粒为球形，可表示如下：

$$F_g = m_p g = \frac{1}{6}\pi d^3 \rho_p g \tag{8-1}$$

式中，m_p 为颗粒的质量；d 为颗粒的直径；ρ_p 为颗粒的密度。对于尾水中的矿物，若以粒度为 0.045mm 的高岭石颗粒为例，则 $F_g = 7.44 \times 10^{-9}N$，方向向下。

（2）浮力。颗粒受到的浮力受颗粒的体积影响，假设颗粒为球形，可表示如下：

$$F_f = \frac{1}{6}\pi d^3 \rho g \tag{8-2}$$

式中，ρ 为介质密度，即水密度。代入计算得 $F_f = 2.86 \times 10^{-9}N$，方向向上。

（3）布朗运动作用力。布朗运动是由于水分子的热运动造成其与颗粒的碰撞产生的一种 Van der waals 力，该力是温度的函数，James E. Martin、KimberIy M. Hill 和 Chris P. Tigges 等人给出了布朗运动力函数：

$$F_B = \sqrt{k_B T \xi / \tau}\ \vec{R}_B \tag{8-3}$$

式中，τ 正比于 γ^{-1}，$\gamma = \xi/m$，$\xi = 6r\pi\mu$，在 25°时，水的动力黏度 $\mu = 0.8937 \times 10^{-3}Pa \cdot s$；$\vec{R}_B$ 是均值为 0，方差为 1 的高斯白噪音，其幅度分布服从高斯分布，而它的功率谱密度又是均匀分布。

（4）电场力。颗粒表面带负电，能够受到电场的作用力，该力的大小与电场强度和颗粒的荷电量大小有关，也称库仑力、静电力等。表达式如下：

$$F_c = QE \tag{8-4}$$

式中，E 为电场强度，$E = U/D$，U 为电极板之间的电压，D 为极间距离；Q 为颗粒的荷电量，颗粒的带电量 Q 与 Zeta 电位有关，在 Ca^{2+} 作用下，颗粒的 $\kappa < 1$，$Q = 4\pi\varepsilon d_p \zeta$，其中 ε 为水的介电常数，ζ 为 Zeta 电位。

（5）曳力。当颗粒沉降时，颗粒相对于水的运动速度向下，水介质会阻碍颗粒的沉降，在颗粒的周围，水流的阻力为曳力，其表达式如下：

$$F_d = \frac{1}{8}C_D \pi d^2 \rho |v_p - v_A|(v_A - v_p) \tag{8-5}$$

式中，C_D 为阻力系数，与雷诺数 Re_p 有关；v_p 为颗粒运动速度；v_A 为介质流速。在圆球绕流中，雷诺数可以用式（8-6）计算：

$$Re_p = \frac{\rho d |v_p - v_A|}{\mu} \tag{8-6}$$

对于矿业尾水而言，$\rho = 1000 \text{kg/m}^3$，$d = 0.045 \text{mm}$（最大粒径）；故雷诺数的取值取决于颗粒与水介质之间的相对速度，在试验中单个颗粒的运动速度在 $15 \sim 40 \mu \text{m/s}$ 之间，故该雷诺数小于 0.01。Cliff 等人给出了该雷诺数下 C_D 的计算公式：

$$C_D = (24/Re_p)[1 + (3/15)Re_p] \tag{8-7}$$

在后续的运算过程中，该 C_D 下的颗粒的位移方程积分不可求解，为简化计算，取 Stokes 公式，即

$$C_D = 24/Re_p \tag{8-8}$$

（6）附加质量力。附加质量力的物理意义是指当颗粒在水介质中下沉时，其周围的水分子会被带动，这等价于颗粒周围的水分子附加在其上，从而产生附加质量力的作用，球形颗粒的附加质量力为浮力的一半。该力的大小与颗粒与介质之间的加速度差值成正比，表达式为：

$$F_m = \frac{1}{2} \pi d^3 \rho \frac{dv_p}{dt} \tag{8-9}$$

（7）Basset 力。在颗粒沉降初期，颗粒做变加速运动，并带动周边的水介质一同运动，但是，由于水的流动性，水介质的运动速度会滞后于颗粒的运动速度，这样颗粒表面附面层会受到一个随时间变化的力的作用，即 Basset 力，也称为历史力，其表达式如下：

$$F_B = \frac{3}{2} \pi d^2 \rho \sqrt{\frac{v_f}{\pi}} \int_0^t \frac{\dfrac{dv_A}{dt} - \dfrac{dv_p}{dt}}{\sqrt{t - \tau}} d\tau \tag{8-10}$$

（8）Saffman、Magnus 力。Saffman 力和 Magnus 力构成升力，产生的主要原因是由于流场在颗粒两侧的不平衡造成的，其方向垂直于颗粒的沉降方向。由于流场的速度梯度，造成颗粒两侧受力的不均等，形成的升力为 Saffman 力；由于流体的压力梯度，造成颗粒形成旋转，该旋转形成的周围流体的夹带流使得两侧流体的流速不等，使得颗粒受到倾向于流速较高的一侧的力，该升力为 Magnus 力。二者的表达式分别为：

$$F_S = 1.62 d_p^2 \sqrt{\rho \mu} (v_A - v_p) \sqrt{\frac{dv_A}{dy}} \tag{8-11}$$

$$F_M = \frac{1}{8} \pi d^3 \rho \omega (v_A - v_p) \tag{8-12}$$

式中，μ 为水的黏度，ω 为颗粒的旋转角速度。

8.2.3　颗粒在外电场作用下受力的比较

颗粒在外电场作用下受到上述力的综合作用，得到的方程较复杂，无法运算求解。为简化运算，需对不重要的力进行删减。为此选取曳力为基准，对 Basset 力、Magnus 力及 Saffman 力进行比较，从而获得较准确的速度、位移表达式。

8.2.3.1　Basset 力的重要性分析

曳力推导而来的斯托克斯公式为：

$$F_{\text{Stokes}} = 3\pi d\mu(v_A - v_p) \tag{8-13}$$

以曳力为比较对象，因此有：

$$F_B / F_{\text{Stokes}} = \frac{1}{2}d\sqrt{\frac{\rho_p}{\pi\mu}}\frac{1}{v_A - v_p}\int_0^t \frac{\dfrac{dv_A}{dt} - \dfrac{dv_p}{dt}}{\sqrt{t - \tau}}d\tau \approx \frac{1}{2}d\sqrt{\frac{\rho_p}{\pi\mu(t - t_0)}} \tag{8-14}$$

设 Basset 力为 Stokes 力的 5%，取颗粒的最大粒径为 0.045mm，20℃水的 μ^3 为 1×10^{-3}，ρ_p 为 2.5kg/m³，从式（8-14）可得，$(t - t_0) \leqslant 0.102s$，说明只有在颗粒沉降初期，即 $(t - t_0) \leqslant 0.102s$ 时，Basset 力才能忽略不计，在其他沉降时间段均可以忽略。在外电场加速沉降的过程中，颗粒的运动时间远远长于该时间，因此可以忽略。

8.2.3.2　Saffman 力的重要性分析

以曳力为比较对象，因此有：

$$F_S / F_{\text{Stokes}} = 0.17d\sqrt{\frac{\rho}{\mu}}\sqrt{\left|\frac{dv_A}{dy}\right|} \tag{8-15}$$

设 Saffman 力为 Stokes 力的 5%，由式（8-15）得：

$$\frac{dv_A}{dy} \geqslant 0.09\frac{\mu}{d^2\rho} \tag{8-16}$$

取颗粒的最大粒径为 0.045mm，20℃水的 μ^3 为 1×10^{-3}，ρ_p 为 2.5kg/m³，从式（8-16）可得，$\dfrac{dv_A}{dy} \geqslant 17.8(\text{m/s})/\text{m}$。外电场加速颗粒沉降中，由于颗粒的粒度很细，且颗粒沉降速度较慢，无法达到如此大的流场梯度，因此 Saffman 力可以忽略。

8.2.3.3　Magnus 力的重要性分析

以曳力为比较对象，因此有：

$$F_M / F_{Stokes} = \frac{\rho \omega d^2}{24\mu} \tag{8-17}$$

设 Basset 力为 Stokes 力的 5%, 由式 (8-17) 得:

$$\omega \geqslant \frac{1.2\mu}{\rho d^2} \tag{8-18}$$

取颗粒的最大粒径 0.045mm, 20℃水的 μ^3 为 1×10^{-3}, ρ_p 为 2.5kg/m³, 从式 (8-18) 可得, $\omega \geqslant 273\text{r/s}$。外电场加速沉降中, 颗粒的粒度很细, 无法达到如此高的转速, 因此 Magnus 力可以忽略。

8.2.4 颗粒在外电场下动力学方程的建立

对于在水介质中的单个颗粒, 其运动方程按牛顿第二定律, 将颗粒所受力叠加, 动力学方程按拉格朗日坐标系中的速度矢量可写为:

$$d(m_p v_p)/dt = F_g + F_f + F_B + F_c + F_d + F_m + F_{Ba} + F_M + F_S \tag{8-19}$$

方程右端分别是重力、浮力、布朗作用力、电场力、曳力、附加质量力、Basset 力、Magnus 力、Saffman 力。根据受力重要性的比较, Basset 力、Magnus 力、Saffman 力可以忽略不计。将剩余力的方程代入到式 (8-19) 中, 得到如下形式的颗粒动力学方程:

$$m_p d(v_p)/dt = \frac{1}{6}\pi d^3 \rho_p g - \frac{1}{6}\pi d^3 \rho g - \sqrt{k_B T\xi/\omega}\ \vec{R}_B + QE -$$

$$\frac{1}{8}C_D \pi d^2 \rho \,|\, v_p - v_A \,|\, (v_A - v_p) - \frac{1}{12}\pi d^3 \rho \frac{dv_p}{dt} \tag{8-20}$$

8.2.5 动力学模型的推导

动力学模型的推导, 设:

$$A = -1 - \frac{\rho}{2\rho_p},\ B = \frac{18\mu}{\rho_p d^2},\ C = \left(1 - \frac{\rho}{\rho_p}\right)g + \frac{Q}{m}E - \frac{\sqrt{k_B T\zeta/\tau}\ \vec{R}_B}{m}$$

代入式 (8-20), 得:

$$0 = A\frac{dv_p}{dt} - Bv_p + C$$

解得:

$$v = e^{\left(\frac{B}{A}t + C_1\right)} + \frac{C}{B}$$

由 $t = 0$ 时, $v = 0$, 得:

$$C_1 = \ln\left(-\frac{C}{B}\right)$$

此时,

$$v = \frac{C}{B}\left(1 - e^{\frac{B}{A}t}\right) \tag{8-21}$$

由 $v_p = \dfrac{\mathrm{d}S}{\mathrm{d}t}$，$S$ 为位移，得：

$$S = \frac{C}{B}t - \frac{AC}{B^2}e^{\frac{B}{A}t} + C_2$$

由 $t = 0$ 时，$v = 0$，得：

$$C_2 = \frac{AC}{B^2}$$

此时：

$$S = \frac{C}{B}t - \frac{AC}{B^2}e^{\frac{B}{A}t} + \frac{AC}{B^2} \tag{8-22}$$

令 $\dfrac{C}{B} = X$，$\dfrac{B}{A} = Y$，代入式（8-22），得：

$$v = X(1 - e^{Yt}) \tag{8-23}$$

$$S = Xt + \frac{X}{Y}(1 - e^{Yt}) \tag{8-24}$$

式（8-22）和式（8-23）即为电场作用下颗粒沉降的速度及位移理论模拟方程，该模型还需进一步校正。

8.2.6　模型的校正

采用电泳仪测定颗粒的 Zeta 电位、粒度、v、S。由于仪器电场水平布置，颗粒的试验值不受重力及浮力因素的作用，故此时模型的计算消去重力及浮力，具体的试验参数见表 8-1。将计算出的模拟数值与试验数据比较，发现需引入电流加速因子 τ，即可使模型的预测值与试验值相吻合，该电流因子的实质是由斯特恩电导的存在造成的，其导致颗粒的移动可以看作电荷转移，即电流的作用。结果对比见表 8-2 及图 8-1，其中 v 的模拟值与实验值之间的最大差值为 $4.57\,\mu m/s$，S 为 $3.21\,\mu m$。

表 8-1　模型校正试验模拟参数

Zeta 电位 /mV	颗粒粒度 d /μm	颗粒密度 /g·cm⁻²	极板间电压 /V	极板间距 /cm	颗粒运动时间 /s
−36.625	6	2.6	20	1	0.7
−29.089	6	2.6	20	1	0.7
−21.750	6	2.6	20	1	0.7
−16.695	6	2.6	20	1	0.7
−12.909	6	2.6	20	1	0.7

表 8-2 不同 Zeta 电位时高岭石颗粒速度及位移试验及模拟值

Zeta 电位 /mV	试验值 $v/\mu m \cdot s^{-1}$	模拟值 $v/\mu m \cdot s^{-1}$	差值 $/\mu m \cdot s^{-1}$	试验值 $S/\mu m$	模拟值 $S/\mu m$	差值 $/\mu m$
−36.625	47.65	52.22	4.57	33.35	36.56	3.21
−29.089	40.69	41.47	0.78	28.48	29.03	0.55
−21.7498	31.12	31.00	−0.12	21.78	21.70	−0.08
−16.6947	23.41	23.79	0.38	16.38	16.65	0.27
−12.9092	19.31	18.39	−0.92	13.51	12.87	−0.64

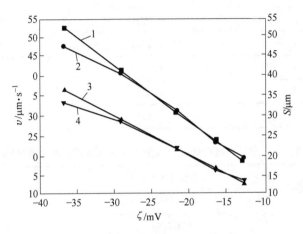

图 8-1 试验值及模拟值速度、位移对比图
1—速度模拟值；2—速度试验值；3—位移模拟值；4—位移试验值

从而，外电场加速单颗粒沉降动力学模型校正后见式（8-25）和式（8-26）：

$$v = \tau X_1(1 - e^{Yt}) + X_2(1 - e^{Yt}) \tag{8-25}$$

$$S = \tau X_1 t + \tau \frac{X_1}{Y}(1 - e^{Yt}) + X_2 t + \frac{X_2}{Y}(1 - e^{Yt}) \tag{8-26}$$

式中，$X_1 = \dfrac{\dfrac{Q}{m}E}{B}$，$X_2 = \dfrac{\left(1 - \dfrac{\rho}{\rho_p}\right)g - \dfrac{\sqrt{k_B T\zeta/\tau}\ \vec{R}_B}{m}}{B}$；$\tau = 4$。C. Chassagn 等人在利用

Smoluchowsky 方程计算高岭石的 Zeta 电位的过程中，发现 $\tau = 3.33$，这个差异是由颗粒受力分析、高岭石样本及试验仪器的差异造成的。其值由悬浊液的电导率及颗粒表面的 Zeta 电位决定，为经验常数。由于单颗粒的外电场加速颗粒沉降试验难以实施及观测，可借此模型分析颗粒自身性质、电场强度、沉降时间等对颗粒沉降速度及位移的影响。

8.2.7　模型的检验

取显著性水平 $\alpha = 0.05$，利用试验值对表 8-2 中的模拟值进行 F、t 检验，检验结果见表 8-3 ~ 表 8-6。

表 8-3　高岭石颗粒速度模拟值 F-检验双样本方差分析

项 目	变量 1	变量 2
平均	32. 436	33. 374
方差	138. 772	185. 682
观测值	5. 000	5. 000
d_f	4. 000	4. 000
F	0. 747	——
P （$F \leqslant f$）单尾	0. 392	——
F 单尾临界	0. 157	——

表 8-4　高岭石颗粒速度模拟值 t-检验成对双样本均值分析

项 目	变量 1	变量 2
平均	32. 436	33. 374
方差	138. 772	185. 682
观测值	5. 000	5. 000
泊松相关系数	0. 997	——
假设平均差	0. 000	——
d_f	4. 000	——
t_{Stat}	−0. 986	——
P （$T \leqslant t$）单尾	0. 190	——
t 单尾临界	2. 132	——
P （$T \leqslant t$）双尾	0. 380	——
t 双尾临界	2. 776	——

表 8-5　高岭石颗粒位移模拟值 F-检验双样本方差分析

项 目	变量 1	变量 2
平均	22. 700	23. 362

续表 8-5

项　　目	变量 1	变量 2
方差	68.019	91.052
观测值	5.000	5.000
d_f	4.000	4.000
F	0.747	—
P（$F \leq f$）单尾	0.392	—
F 单尾临界	0.157	—

表 8-6　高岭石颗粒位移模拟值 t-检验成对双样本均值分析

项　　目	变量 1	变量 2
平均	22.700	23.362
方差	68.019	91.052
观测值	5.000	5.000
泊松相关系数	0.997	—
假设平均差	0.000	—
d_f	4.000	—
t_{Stat}	−0.992	—
P（$T \leq t$）单尾	0.189	—
t 单尾临界	2.132	—
P（$T \leq t$）双尾	0.377	—
t 双尾临界	2.776	—

F 检验结果表显示 P 值大于 0.05，t 检验结果表显示 P 双尾大于 0.05，自变量对应变量的影响是显著的，故建立的单颗粒沉降动力学模型式（8-25）和式（8-26）是可靠的，具有代表性。

8.3　模拟外电场加速煤泥单颗粒沉降影响因素分析

以煤泥水为例，根据式（8-25）和式（8-26）对外电场加速单颗粒沉降过程进行模拟研究，分析颗粒自身性质、电场强度等因素对单颗粒沉降作用的影响。为便于研究，首先假定液体处于稳定静止状态，取水的 $\mu = 1.0 \times 10^{-3}$ Pa·s，$g = 9.8$ m/s²，极板间距参数 D 均为 27cm。

8.3.1 模拟颗粒自身性质对单颗粒沉降影响分析

颗粒的自身性质可细分为颗粒粒度、Zeta 电位、密度等。林喆等人通过对河南某选煤厂煤泥水粒度组成试验研究发现，小于 0.045mm 粒级的产量占到49.43%，而该粒级煤泥颗粒难以自由沉降，不同粒度模拟参数设定见表 8-7。董宪姝等人通过对太原选煤厂浮选尾煤在不同电解质作用下的煤泥颗粒表面 Zeta 电位试验研究发现，颗粒的 Zeta 电位绝对值均小于 40mV，故不同 Zeta 电位模拟参数选取见表 8-8。赵晴及许宁等人分别对采自淮南丁集选煤厂及山东肥城某选煤厂的煤泥水进行了 XRD 矿物组成分析，发现煤泥水中的主要矿物为高岭石、伊利石、石英、方解石等，故不同密度模拟参数设定见表 8-9。分别将表中参数代入式（8-25）和式（8-26），得相应的颗粒沉降位移及速度对比图，如图 8-2～图8-4 所示。

表 8-7　模拟不同粒度颗粒电场沉降参数设定表

$d/\mu m$	ζ/mV	$\rho_p/g \cdot cm^{-3}$	U/V	t/s
45	−30	2.6	4000	150
35	−30	2.6	4000	150
25	−30	2.6	4000	150
15	−30	2.6	4000	150
5	−30	2.6	4000	150
1	−30	2.6	4000	150

表 8-8　模拟不同 Zeta 电位颗粒电场沉降参数设定表

$d/\mu m$	ζ/mV	$\rho_p/g \cdot cm^{-3}$	U/V	t/s
15	−35	2.6	4000	150
15	−30	2.6	4000	150
15	−25	2.6	4000	150
15	−20	2.6	4000	150
15	−15	2.6	4000	150
15	−10	2.6	4000	150

表 8-9　模拟不同密度颗粒电场沉降参数设定表

$d/\mu m$	ζ/mV	$\rho_p/g \cdot cm^{-3}$	U/V	t/s
15	−30	2.8	4000	150
15	−30	2.5	4000	150
15	−30	2.2	4000	150
15	−30	1.9	4000	150
15	−30	1.6	4000	150
15	−30	1.3	4000	150

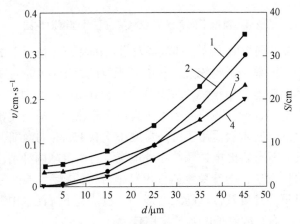

图 8-2　模拟不同粒度颗粒沉降位移及速度对比图

1—S 电场沉降；2—S 自由沉降；3—V 电场沉降；4—V 自由沉降

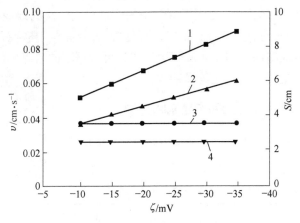

图 8-3　模拟不同 Zeta 电位沉降位移及速度对比图

1—S 电场沉降；2—S 自由沉降；3—V 电场沉降；4—V 自由沉降

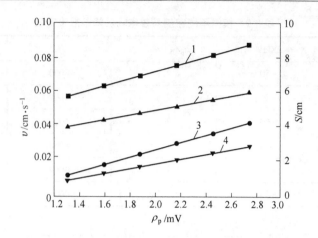

图 8-4　模拟不同密度颗粒沉降位移及速度对比图

　　图 8-2 为模拟不同粒度颗粒在外电场及自由沉降两种情况下的位移及速度对比。粒度对颗粒沉降效果影响较大，其中对于粒度大于 0.15mm 的颗粒，外电场加速沉降及自由沉降速度均较快；对于粒度小于 0.15mm 的颗粒，自由沉降速度显著降低，而外电场加速沉降速度远大于自由沉降速度。故可得出如下结论：外电场加速煤泥水沉降技术较适用于沉降粒度小于 0.15mm 的微细颗粒。

　　图 8-3 为模拟不同 Zeta 电位颗粒在外电场及自由沉降两种情况下的速度及位移，对比二者可以发现，随着颗粒 Zeta 电位绝对值的增大，颗粒受到的外电场加速作用越大，其沉降速度及位移随之增加。一般情况下煤泥水中颗粒的 Zeta 电位绝对值在 30mV 左右，故受外电场的作用较大。

　　图 8-4 为不同密度颗粒在外电场及自由沉降两种情况下的位移及速度，由图可以看出，随着密度的增大，颗粒的沉降速度及位移随之增大。煤泥水中的主要矿物密度在 2.4~3.15g/cm³ 之间不等，由高到低排列依次为绿泥石 3.15g/cm⁻³、方解石 2.7g/cm⁻³、蒙脱石 2.7g/cm⁻³、石英 2.65g/cm⁻³、高岭石 2.6g/cm⁻³，故其澄清效果亦依此顺序排列。在实际生产中，可根据不同选煤厂煤泥水矿物赋存情况综合选取合适的电场加速沉降参数。

8.3.2　模拟电场因素对单颗粒沉降影响分析

　　模拟不同电场电压及电场沉降时间的沉降参数设定见表 8-10 和表 8-11，将该参数代入到式（8-25）和式（8-26）中，得图 8-5 和图 8-6。

表 8-10　模拟不同电场电压的沉降参数设定表

$d/\mu m$	ζ/mV	$\rho_p/g \cdot cm^{-3}$	U/V	t/s
−30	15	2.6	2000	150

续表 8-10

$d/\mu m$	ζ/mV	$\rho_p/g \cdot cm^{-3}$	U/V	t/s
−30	15	2.6	3000	150
−30	15	2.6	4000	150
−30	15	2.6	5000	150
−30	15	2.6	6000	150
−30	15	2.6	7000	150

表 8-11 模拟不同电场沉降时间的沉降参数设定表

$d/\mu m$	ζ/mV	$\rho_p/g \cdot cm^{-3}$	U/V	t/s
−30	15	2.6	4000	50
−30	15	2.6	4000	100
−30	15	2.6	4000	150
−30	15	2.6	4000	200
−30	15	2.6	4000	250
−30	15	2.6	4000	300

图 8-5 和图 8-6 为模拟不同电场电压、电场作用时间颗粒的速度及位移，随着极板间电压及电场作用时间的增大，颗粒的沉降速度及位移均随之增大，煤泥水的澄清效果随之变好。不过，在实际生产运用中，在保证生产用水澄清的前提下，应尽量降低极板间电压及电场作用时间，以降低生产成本及保证生产安全。

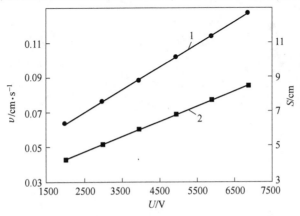

图 8-5 模拟不同电场电压的沉降位移及速度对比图
1—V电场沉降；2—S电场沉降

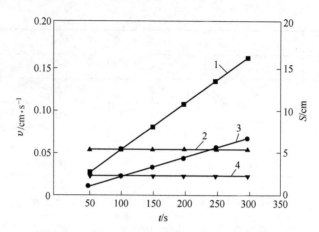

图 8-6   模拟不同沉降时间的位移及速度对比图
1—S 电场沉降；2—V 电场沉降；3—S 自由沉降；4—V 自由沉降

9 外电场加速煤泥水沉降粒群模拟

国内关于外电场提高污水处理效果方面的研究主要如下：张向荣等人得到，在外电场的作用下，荷电颗粒间的凝聚系数增大，使荷电颗粒凝聚，不论是初始对称还是初始非对称双极荷电颗粒都加速了荷电颗粒的数量浓度的衰减；谭百贺等人做了类似的试验，得到在交变电场的作用下，能够使双极荷电颗粒的凝聚，颗粒上带的荷电量越大，其凝聚效果越好；朱现信等人研究发现，静电水处理技术特别是高压静电场处理技术具有无污染、低能耗、高效率等特点；马志毅等人通过电絮凝法对有机物或者悬浮物的去除效果进行试验，得出其有机物或悬浮物去除率平均达到96%；马晓伟等人介绍了高压静电水处理的研究现状，该技术目前理论及应用都不完善，论述了普遍接受的机理分析；刘宝臣等人研究发现矿泥静止沉降速度低于加电泳使矿泥沉降的速度，电泳使矿泥沉降减少了矿泥的含水量，使其更好地被利用。杜慧玲等人利用电泳沉降法对取自渤海湾的海水（盐度为30‰，悬浮物固体同浓度为16.85mg/L）中的悬浮物进行了清除试验。国外关于外电场提高污水处理效果方面的研究主要如下：Huckel 给出了胶粒在外电场运动作用下的 v-ζ 关系，由于该方程考虑条件较少，且通过点电荷的近似得到相关结果，Smoluchowski 及 Henry 等人对该方程进行了补充扩展，得到了平板型及球型模型；Sandor Barany 研究了强场电泳的非线性现象，由于电场对双电层的诱导作用，降低颗粒对金属离子的吸附，引起电泳速度与电场的三次方成比例，再加上颗粒双电层的分散状态，导致一些快速电泳速度会受到颗粒粒度的影响，他做的试验发现颗粒的电泳与 Smoluchowski 理论并不一致，但是与 Dukhin-Mishchuk 理论一致；Gholabzour 指出在浓的悬浮体中，计算 Zeta 电位时必须考虑粒子间的相互作用对电泳淌度的影响。

外电场对污水处理有一定的效果，本章以选煤厂洗选产生的污水煤泥水为研究对象，研究外电场对煤泥水的加速效果。利用金属铁作为电极材料，向煤泥水中通电，通电后的煤泥水中赋存了铁离子及相关络合物，能够实现煤泥水加速沉降。通过电场对煤泥水的电絮凝、电凝聚、颗粒亲水性降低等作用，解释了电场对煤泥水沉降速度、透光率、Zeta 电位的影响规律。煤泥水在外电场作用后的沉降较复杂，通过拟合法，利用合适的试验结果建立了相关的预测方程，量化外电场加速煤泥水沉降技术在现场应用中的影响因素，为外电场加速煤泥水沉降技术在工业中应用各因素参数的选取提供一定的理论依据。

9.1　理论分析

9.1.1　粒群颗粒间的计算距离

　　假设煤泥水中颗粒均匀分散，颗粒间的分布形式如图 9-1 所示。

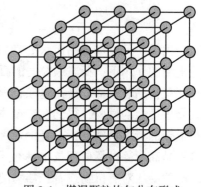

　　浓度为 20g/L、密度为 1.62g/L 的煤泥水，若颗粒粒度为 1μm，可知煤泥颗粒间的间距为 4.07μm。根据 DLVO 理论，当煤泥颗粒间距在 1μm 以下时，静电斥力才会形成，颗粒间的相互排斥使得颗粒无法靠近，因此，在这种条件下，造成煤泥颗粒难以自然沉降的原因并非颗粒间的静电斥力。

图 9-1　煤泥颗粒均匀分布形式

9.1.2　粒群在水中受电场力的沉降情况

　　在水介质中，由于煤泥颗粒表面的亲水性，颗粒会与水分子相互作用，形成水化作用表面，在煤泥颗粒周围的水分子对煤泥颗粒的吸引使得颗粒被水分子黏滞住，加上水分子自身的黏性及水分子之间形成氢键，使得煤泥颗粒分散在黏性较大、较为固定的水簇中，且煤泥颗粒对水分子的吸引作用使得悬浮液的黏性进一步增大，形成类似胶体的液体，分散十分稳定，需要数天才能自由沉降。

　　在较长时间的直流外电场作用下，煤泥水中的离子及水分子会发生重新排布，在液相中，阴阳离子作为载流子将会分布到上下两端，形成反向电场，反向电场对原电场产生屏蔽作用，削弱外电场对煤泥颗粒的作用力；水分子会发生偶极定向排列，产生反向电场，并使得水分子形成的水簇增大、稳固性增强，不但产生对外电场的屏蔽作用，且提高悬浮液的黏性及稳定型，使得煤泥水难以沉降。

　　由于粒群的作用，水簇及煤泥颗粒形成凝胶型整体，其较单颗粒的稳固性显著增强，水分子对颗粒的黏固增强，使得煤泥水难以沉降。因此，在外电场的作用下，虽然煤泥颗粒表面由于带电受到向下的电场力，但是在电场强度为 2V/dm 的高压下依然无法显示较自由沉降快的沉降速度。

9.1.3　粒群在电流作用后的沉降情况

　　在以铁作为电极的情况下，将电极放入煤泥水中，向煤泥水通过较大的电流，铁片在电流的作用下部分溶出到煤泥水中，并以络合物的形式存在，通电后络合物使得煤泥水的沉降速度有所提高，从而达到外电场加速煤泥水沉降的作用。

9.2 试验条件

9.2.1 试验样品及药剂

试验用煤泥水采自某选煤厂浓缩机入料，试验用试剂为上海试剂厂生产，利用去离子水将 $CaCl_2$ 配成 1g/L 的滴定液用以调整煤泥水的 Ca^{2+} 浓度，将 HCl、NaOH 配制成 1mol/L 的滴定液用以调整煤泥水的 pH 值，试验用聚丙烯酰胺分子量为 900 万。

9.2.2 试验仪器

上海日行电器有限公司生产的 RXTQSB-（C）轻型交直流高压试验变压器；美国 Colloidal-Dynamics 公司生产的 Zetaprobe 电位仪，自制的外电场加速煤泥水沉降装置，秒表。

9.2.3 试验步骤

将煤泥水加入 Zeta 电位仪中，测定其 Zeta 电位。再将煤泥水倒入沉降杯中，通入外加高压电源至设定时间，取出电极，上下颠倒摇晃 5 次，做沉降试验。对于添加凝聚剂及絮凝剂的沉降试验，再在加电后加入设定量的药剂，上下颠倒摇晃 5 次，做沉降试验。

9.3 试验结果与分析

张集北矿煤泥水与新庄孜矿煤泥水性质有较大不同，主要由于张集北矿选煤厂煤泥水为富含蒙脱石的煤泥水，这与在外电场作用后的沉降现象有所不同。本小节比较了不同因素对两种煤泥水在外电场作用后的沉降现象及机理。

9.3.1 不同加电时间对煤泥水沉降速度的影响及模拟

加电时间作为煤泥水在外电场作用下的影响因素之一，对外电场作用后煤泥水沉降影响较明显。在加电电压为 3.2kV、电极间距为 15cm、沉降杯横截面积为 $25cm^2$、煤泥水 pH 值为 8.12、煤泥水体积为 400mL 的情况下，分别在加电时间为 0min、10min、20min、30min、40min、50min、60min 情况下，对加电后的煤泥水进行沉降速度、透光率及 Zeta 电位的测定。

9.3.1.1 试验现象综述

不同加电时间后煤泥水的沉降速度如图 9-2 所示，其沉降速度在 10min 时显示为最大值，之后随加电时间的增大沉降速度逐渐减小，到 30min 后沉降速度较为平稳。不同的加电时间后煤泥水的透光率如图 9-3 所示，随加电时间的增大，煤泥水的透光率逐渐增大。不同的加电时间后煤泥水的 Zeta 电位如图 9-4 所示，随加电时间的增大，煤泥水的 Zeta 电位绝对值逐渐减小。

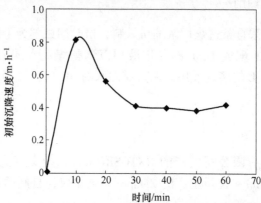

图 9-2　不同加电时间后张集北矿煤泥水沉降速度

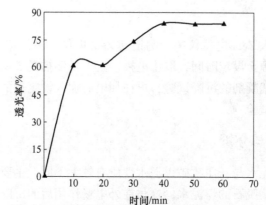

图 9-3　不同加电时间后张集北矿上清液透光率

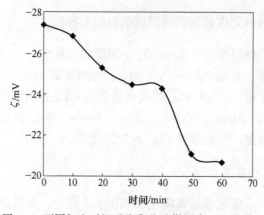

图 9-4　不同加电时间后张集北矿煤泥水 Zeta 电位

9.3.1.2 试验现象机理分析

随着加电时间的增大，溶解到煤泥水中的铁离子增多，并形成络合物，络合物对煤泥颗粒作用，将煤泥颗粒连接起来，铁离子在煤泥颗粒表面的吸附，使得Zeta电位绝对值降低，煤泥颗粒间的斥力作用降低，颗粒间的连接作用增强。络合物对水分子的作用为对吸引作用，并在煤泥水中产生络合凝胶，在加电时间小于10min时，络合物在煤泥水中含量较少，全部吸附到煤泥颗粒的表面，随加电时间的增大，产生的络合物越多，在颗粒表面的吸附量越大，Zeta电位的绝对值越小，对颗粒的连接作用越大，从而增大颗粒的粒度，这使得煤泥水沉降速度加快；在加电时间大于10min后，随络合物的增多，煤泥颗粒对络合物的吸附逐渐达到饱和，大量络合物在煤泥水体系中不受煤泥颗粒的吸附作用，游离的络合物对水分子的吸引作用形成络合物与水分子的连接，络合物与水分子连接起来形成凝胶质，随煤泥水中络合凝胶增多，煤泥水体系黏度增大，使得煤泥水体系变得更加稳固，微细颗粒在沉降时将受到更大的黏滞阻力，从而降低了煤泥水的沉降速度。在30min后，络合物对煤泥颗粒的连接作用及对煤泥水分子的凝胶作用达到持平，此时煤泥水沉降速度较稳定。

随着煤泥水加电时间的增大，煤泥水上清液透光率逐渐增大，在加电时间小于10min的情况下，由于煤泥水受到的连接作用显著增大，使得大量颗粒实现压缩沉降，因此上清液透光率增大。在10min后，由于沉降速度显著减慢，网捕作用所漏掉的煤泥颗粒较少，更多的颗粒被网捕作用沉降下来，因此颗粒的上清液透光率增大。在30min后，沉降速度达到稳定，网捕作用所漏掉的煤泥颗粒量较少，颗粒的上清液透光率基本维持不变。

由于溶出的铁离子荷电为正，随加电时间的增大，溶出的铁离子量增大，在煤泥颗粒表面吸附的量也逐渐增大，因此煤泥水的Zeta电位绝对值逐渐减小。

9.3.1.3 沉降速度模拟

利用多项式拟合法进行一元多项式回归，对张集北矿煤泥水在外电场作用后沉降速度与加电时间之间的试验数据进行拟合，由于该数据六阶差分趋近于零，所以沉降速度与加电时间之间的关系可以用六阶多项式表示，再通过最小二乘法建立方程组，求出模型参数，利用高斯消元，得到各项参数，进而得到如下函数关系：

$$v = -9E - 10t^6 + 2E - 07t^5 - 2E - 05t^4 + 0.001t^3 - 0.0227t^2 + 0.2284t + 0.02$$

$$(9-1)$$

式中，v 为沉降速度，m/s；t 为加电时间，t。拟合优度 $R^2 = 1$，该模型能够较好地反应张集北矿煤泥水加电后沉降速度与加电时间之间的关系，并能够对该影响因素对煤泥水沉降速度的影响情况进行预测。

9.3.2　不同加电电压对煤泥水沉降速度的影响及模拟

加电电压作为煤泥水在外电场作用下的影响因素之一，对外电场作用后煤泥水沉降影响较明显。在加电时间为30min、电极间距为15cm、沉降杯横截面积为25cm²、煤泥水 pH 值为8.12、煤泥水体积为400mL 的情况下，分别在加电电压为0kV、1.4kV、2.0kV、2.6kV、3.2kV 情况下，对加电后的煤泥水进行沉降速度、透光率及 Zeta 电位的测定。

9.3.2.1　试验现象综述

不同加电电压后煤泥水的沉降速度如图9-5所示，其沉降速度在1.3kV 时显示最大值，之后随加电时间的增大逐渐减小。不同加电电压后煤泥水的透光率如图9-6所示，随加电电压的增大，煤泥水的透光率逐渐增大。不同加电电压后煤泥水的 Zeta 电位如图9-7所示，随加电电压的增大，煤泥水的 Zeta 电位绝对值逐渐减小。

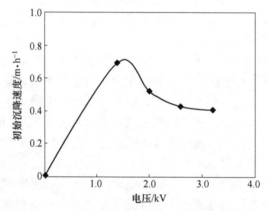

图 9-5　不同加电电压后张集北矿煤泥水沉降速度

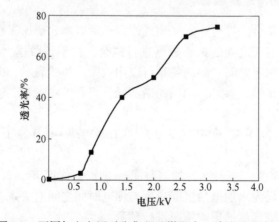

图 9-6　不同加电电压后张集北矿煤泥水上清液透光率

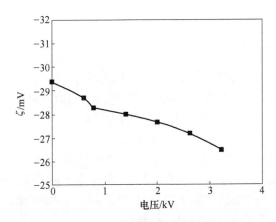

图 9-7 不同加电电压后张集北矿煤泥水 Zeta 电位

9.3.2.2 机理分析

外电场作用下煤泥水的沉降速度的提高主要是由于铁电极与煤泥水之间产生的电絮凝作用。随着加电电压增大，溶解到煤泥水中的铁离子增多，在电絮凝的作用下形成絮凝体络合物，絮凝体络合物对煤泥颗粒的作用为将煤泥颗粒连接起来，加之铁离子在煤泥颗粒表面的吸附，使得 Zeta 电位绝对值降低，并降低煤泥颗粒间的斥力作用，增大颗粒间的连接作用。絮凝体络合物对水分子的作用为对水分子的吸引作用，并在煤泥水中产生络合凝胶，在加电电压小于 1.3kV 时，络合物在煤泥水中含量较少，绝大部分吸附到煤泥颗粒的表面，随加电时间的增大，铁电极产生的络合物量增多，在颗粒表面的吸附量增大，Zeta 电位的绝对值减小，对颗粒的连接作用越大，增大颗粒的粒度，使得煤泥水沉降速度加快；在加电时间大于 1.3kV 后，煤泥颗粒对络合物的吸附达到饱和，随絮凝体络合物的增多，大量络合物在煤泥水体系中不受煤泥颗粒的吸附作用转而形成对水分子的吸附作用，进而形成络合凝胶，增大煤泥水的黏度，使得煤泥水体系变得更加稳固，从而降低了煤泥水的沉降速度。另外，在外电场作用下煤泥颗粒还会发生电凝聚及表面含氧官能团的减少等变化，这些因素的变化均会促进煤泥水的沉降。

随着煤泥水加电电压的增大，煤泥水上清液透光率逐渐增大，在加电电压小于 1.3kV 的情况下，由于煤泥水受到的连接作用显著增大，使得大量颗粒实现压缩沉降，因此上清液透光率增大。在大于 1.3kV 后，由于沉降速度显著减慢，网捕作用造成的漏网颗粒较少，更多的颗粒被网捕作用沉降下来，且 Zeta 电位的绝对值显著减小，增大煤泥颗粒间的连接作用，因此颗粒的上清液透光率增大。

由于溶出的铁离子荷电为正，随加电电压的增大，溶出的铁离子量增大，在煤泥颗粒表面吸附的量也逐渐增大，因此煤泥水的 Zeta 电位绝对值逐渐减小。

9.3.2.3　沉降速度模拟

利用多项式拟合法进行一元多项式回归，对张集北矿煤泥水加电后沉降速度与加电电压之间的试验数据进行拟合，由于该数据四阶差分趋近于零，若再增大回归阶数会造成试验点外的震荡，所以沉降速度与加电时间之间的关系可以选取四阶多项式表示，再通过最小二乘法建立方程组，求出模型参数，利用高斯消元，得到各项参数，进而得到如下函数关系：

$$v = -0.0573V^4 + 0.5313V^3 - 1.6886V^2 + 1.9635V + 0.02 \qquad (9-2)$$

式中，v 为沉降速度，m/s；V 为电压，kV。拟合优度 $R^2 = 1$，该模型能够较好地反应张集北矿煤泥水加电后，加电电压与加电时间之间的关系，并能够对该影响因素对煤泥水沉降速度的影响情况进行预测。

9.3.3　不同电极板间距对煤泥水沉降速度的影响及模拟

电极间距作为煤泥水在外电场作用下的影响因素之一，对外电场作用后煤泥水沉降影响较明显。在加电时间为 30min、加电电压为 3.2kV、沉降杯横截面积为 25cm^2、煤泥水 pH 值为 8.12、煤泥水体积为 400mL 的情况下，分别在电极间距为 9cm、12cm、15cm、18cm、21cm、24cm 情况下，对加电后的煤泥水进行沉降速度、透光率及 Zeta 电位的测定。

9.3.3.1　试验现象综述

不同电极间距外电场处理煤泥水后的沉降速度如图 9-8 所示，其沉降速度随电极间距的增大而逐渐增大。不同电极间距外电场处理煤泥水后的沉降上清液透光率如图 9-9 所示，随电极间距的增大，煤泥水沉降上清液的透光率总体上呈减小趋势。不同电极间距外电场处理煤泥水后的 Zeta 电位如图 9-10 所示，随电极间距的增大，煤泥水的 Zeta 电位绝对值总体上呈增大趋势。

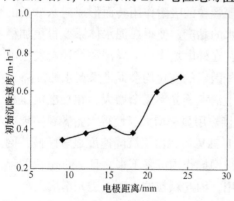
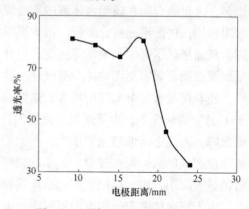

图 9-8　不同电极间距煤泥水沉降速度　　　　图 9-9　不同电极间距煤泥水透光率

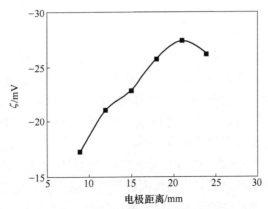

图 9-10   不同电极间距煤泥水 Zeta 电位

9.3.3.2   机理分析

外电场作用下煤泥水的沉降速度的提高主要是由于铁电极与煤泥水之间产生的电絮凝作用：随着电极间距增大，溶解到煤泥水中的铁离子增多，并形成絮凝体络合物，絮凝体络合物对煤泥水的作用可分络合物对煤泥颗粒的作用及络合物对水分子的作用：络合物对煤泥颗粒的作用为将煤泥颗粒连接起来，增大颗粒间的连接作用。络合物对水分子的作用为对水分子的吸引作用，并在煤泥水中产生络合凝胶，对煤泥颗粒的沉降形成阻碍作用。随着电极间距的增大，被处理的煤泥水体积增大，因此在溶出同样铁离子的状况下，其中与水分子作用形成凝胶的络合物及作用在煤泥颗粒上铁离子均减小，不过凝胶作用减小量大于在煤泥颗粒表面吸附的铁离子的减小量，因此煤泥水的沉降速度呈升高趋势。另外还有电凝聚作用及煤泥颗粒含氧官能团的减少等：电凝聚作用是指在加电过程中电场对煤泥颗粒产生电偶极的定向排列，定向排列的偶极之间具有一定的吸引力，使得颗粒之间互相吸引，粒度增大，颗粒的沉降速度增大。随电极间距的增大，电偶极作用降低，但是不属于主要影响因素，因此颗粒的沉降速度受电絮凝的作用随电极间距增大沉降速度增大。在外电场的作用下，煤泥颗粒表面的含氧官能团会减少，进而降低颗粒表面的亲水性。

随着电极间距增大，煤泥水上清液透光率逐渐降低。因为随着电极间距增大，煤泥水的沉降速度升高，网捕作用造成的漏网颗粒较多，加之电凝聚作用降低，因此较细粒级颗粒增多，亦促使漏网细粒级的增多，且 Zeta 电位的绝对值升高，颗粒间的排斥作用增大，因此颗粒的上清液透光率降低。

由于溶出的铁离子荷电为正，随着电极间距增大，煤泥水的总体积增大，在溶出的总铁离子不变的情况下，在煤泥颗粒表面吸附的铁离子量逐渐减小，因此煤泥水的 Zeta 电位绝对值逐渐增大。

9.3.3.3　沉降速度模拟

利用多项式拟合法进行一元多项式回归，对张集北矿煤泥水沉降电极间距与加电时间之间的试验数据进行拟合，由于该数据四阶差分趋近于零，若再增大回归阶数会造成试验点外的震荡，所以沉降速度与加电时间之间的关系可以选取四阶多项式表示，再通过最小二乘法建立方程组，求出模型参数，利用高斯消元，得到各项参数，进而得到如下函数关系：

$$v = -3E - 0.5d^4 + 0.0016d^3 - 0.0354d^2 + 0.3364d - 0.823 \qquad (9-3)$$

式中，v 为沉降速度，m/s；d 为电极间的距离，cm。拟合优度 $R^2 = 1$，该模型能够较好地反应张集北矿煤泥水加电后，电极间距与沉降速度之间的关系，并能够对该影响因素对煤泥水沉降速度的影响情况进行预测。

9.3.4　不同絮凝剂加入量对外电场作用后煤泥水沉降速度的影响及模拟

絮凝剂能够提高煤泥水在外电场作用后的沉降效果，对外电场作用后煤泥水沉降影响较明显。在加电时间为 30min、加电电压为 3.2kV、电极间距为 25cm^2、沉降杯横截面积为 25cm^2、煤泥水 pH 值为 8.12、煤泥水体积为 400mL 的情况下，分别在加电后加入絮凝剂 0mL、1mL、2mL、3mL、4mL、5mL、6mL 的情况下，对加电后的煤泥水进行沉降速度测试。

9.3.4.1　试验现象综述

不同絮凝剂加入量外电场作用后煤泥水的沉降速度如图 9-11 所示，沉降速度随絮凝剂加入量增大而逐渐增大。不同絮凝剂加入量外电场作用后煤泥水的沉降上清液透光率如图 9-12 所示，随絮凝剂加入量增大，透光率先显著增大后趋于稳定。

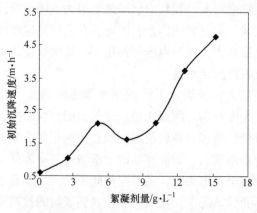

图 9-11　不同絮凝剂加入量外电场作用后张集北矿煤泥水沉降速度

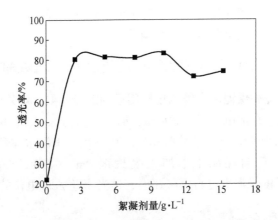

图 9-12　不同絮凝剂加入量外电场作用后张集北矿煤泥水透光率

9.3.4.2　机理分析

与单独外电场作用沉降煤泥水有所不同，随絮凝剂加入量的增大，煤泥水的沉降速度及透光率显著增大，外电场与絮凝剂二者对煤泥水沉降的加速作用主要为以下几点：（1）在外电场作用下，从铁电极中溶出铁离子并形成絮凝络合物，对煤泥水产生电絮凝作用，提高煤泥水的沉降效果；（2）外电场使煤泥水悬浮颗粒物偶极化，促进悬浮颗粒物凝聚，提高煤泥水的沉降效果；（3）在外电场的作用下，能够降低煤泥颗粒表面含氧官能团的数量，降低煤泥颗粒的亲水性，提高煤泥水的沉降效果；（4）通过加入絮凝剂，这些高分子絮凝剂在单一粒子或凝聚粒子间起着一种架桥作用，在絮凝剂架桥作用及网捕作用下，使受到电场加速沉降作用较弱的细粒级固体颗粒聚集在一起，强化沉降过程，因此加入絮凝剂后煤泥水的沉降效果较仅外电场作用下煤泥水沉降效果好。并且随着絮凝剂量的增加，线状高分子絮凝剂能够充分吸附悬浮粒子，其沉降效果（初始沉降速度、上清液透光率）逐渐提高。

9.3.4.3　沉降速度模拟

利用多项式拟合法进行一元多项式回归，对张集北矿煤泥水在外电场作用后沉的降絮凝剂添加量与沉降速度之间的试验数据进行拟合，由于该数据四阶差分趋近于零，若再增大回归阶数会造成试验点外的震荡，所以沉降速度与加电时间之间的关系可以选取四阶多项式表示，再通过最小二乘法建立方程组，求出模型参数，利用高斯消元，得到各项参数，进而得到如下函数关系：

$$v = -3E - 05x^4 + 0.0016x^3 - 0.0354x^2 + 0.3364x - 0.823 \qquad (9\text{-}4)$$

式中，v 为沉降速度，m/s；x 为絮凝剂量，g/L。拟合优度 $R^2 = 1$，该模型能够较好地反应张集北矿煤泥水加电后，絮凝剂添加量与沉降速度之间的关系，并能够对该影响因素对煤泥水沉降速度的影响情况进行预测。

9.3.5　不同凝聚剂 $CaCl_2$ 加入量对外电场作用后煤泥水沉降速度的影响

凝聚剂能够提高煤泥水在外电场作用后的沉降效果，对外电场作用后煤泥水沉降影响较明显。在加电时间为 30min、加电电压为 3.2kV、电极间距为 $25cm^2$、沉降杯横截面积为 $25cm^2$、煤泥水 pH 值为 8.12、煤泥水体积为 400mL 的情况下，分别在加电后向煤泥水中加入凝聚剂 0mL、2mL、5mL、10mL、15mL、20mL，对加电后的煤泥水进行沉降速度、透光率及 Zeta 电位的测定。

9.3.5.1　试验现象综述

不同凝聚剂加入量下外电场作用后煤泥水的沉降速度如图 9-13 所示，沉降速度随凝聚剂加入量增大而逐渐减小。不同凝聚剂加入量外电场作用后煤泥水的沉降上清液透光率如图 9-14 所示，随凝聚剂加入量增大，煤泥水的透光率逐渐增大。不同凝聚剂加入量外电场作用后煤泥水 Zeta 电位如图 9-15 所示，凝聚剂加入量增大，煤泥水的 Zeta 电位绝对值先降低后升高。

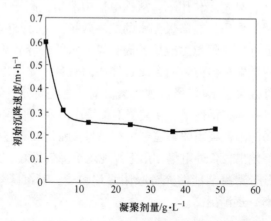

图 9-13　不同凝聚剂加入量下外电场作用后张集北矿煤泥水沉降速度

9.3.5.2　机理分析

通过加入 Ca^{2+}，煤泥水的沉降效果及 Zeta 电位发生了较大的变化，在电场作用因素不变的情况下，产生这种现象的主要原因是 Ca^{2+} 对煤泥水的作用。其中 Ca^{2+} 造成煤泥水沉降速度的减慢机理如下：Ca^{2+} 在水溶液中形成 Ca^{2+} 水和离子，Ca^{2+} 水和离子在煤泥水中受蒙脱石矿物颗粒表面的吸附作用较强，在这种吸附作用下，Ca^{2+} 水和离子将煤泥水中的蒙脱石矿物单体连接起来，这种连接作用形成

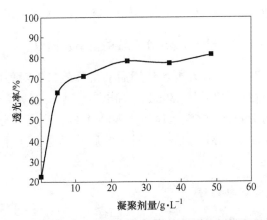

图 9-14　不同凝聚剂加入量下外电场作用后张集北矿煤泥水透光率

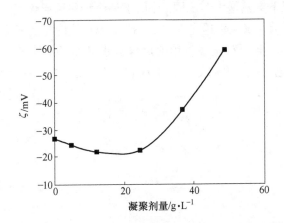

图 9-15　不同凝聚剂加入量下外电场作用后张集北矿煤泥水 Zeta 电位

了蒙脱石网络，此时煤泥水的沉降表现为蒙脱石网络的体积压缩作用，这种压缩作用较电场作用形成的大颗粒的 Stokes 沉降速度慢，因此煤泥水的沉降速度随 Ca^{2+} 的加入量的增大而减慢。其中 Ca^{2+} 造成煤泥水上清液透光率提高的机理如下：Ca^{2+} 在水溶液中形成的与蒙脱石单元层之间形成的网络结构更细密紧致，能够网捕粒度更细的颗粒沉降，因此 Ca^{2+} 水和离子作用下煤泥水上清液透光率高于仅电场沉降作用。

　　Zeta 电位绝对值的走势与单独加 $CaCl_2$ 的情形较一致，均是先减小后增大，先减小是随 $CaCl_2$ 加入量的提高，Ca^{2+} 在矿物颗粒表面的静电吸附及特性吸附的量提高造成的；后增大是由于随 $CaCl_2$ 加入量的提高，Ca^{2+} 水和离子促使蒙脱石单元层连接成网络，并形成对其他较大矿物颗粒的罩盖作用，由于蒙脱石单体的 Zeta 电位较低，因此测定的煤泥颗粒的 Zeta 电位降低，此时电场作用下产生的铁离子对 Zeta 电位的影响作用较 Ca^{2+} 的影响较小，因为 Ca^{2+} 在颗粒表面吸附过程中能够替换出其他离子，包括铁离子在内的其他离子被置换出双电层。

9.3.6　pH 值对外加电场作用后煤泥水沉降的影响及模拟

　　pH 值能够影响煤泥水在外电场作用后的沉降效果，对外电场作用后煤泥水沉降影响较明显。在加电时间为 30min、加电电压为 3.2kV、电极间距为 $25cm^2$、沉降杯横截面积为 $25cm^2$、煤泥水体积为 400mL 的情况下，分别将煤泥水的 pH 值调整为 7.18、8.61、9.31、10.41，对加电后的煤泥水进行沉降速度、透光率及 Zeta 电位的测定。

9.3.6.1　试验现象综述

　　不同 pH 值下外电场作用后煤泥水的沉降速度如图 9-16 所示，沉降速度在 pH 值为 9 的情况下突然增大。不同 pH 值下外电场作用后煤泥水的沉降上清液透光率如图 9-17 所示，煤泥水透光率在 pH 值小于 9 的情况呈下降趋势，在 9 以后趋于稳定。不同 pH 值下外电场作用前后煤泥水 Zeta 电位如图 9-18 所示，随 pH 值的增大，Zeta 电位呈上升趋势，其中在 pH 值为 9 左右有一个波动。

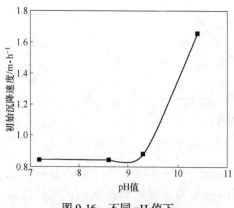

图 9-16　不同 pH 值下
外电场作用后煤泥水沉降速度

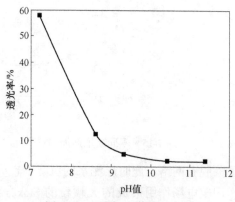

图 9-17　不同 pH 值下外电场
作用后煤泥水透光率

9.3.6.2　机理分析

　　张集北煤泥水的初始 pH 值为 8.22，在向酸性方向滴定时，pH 值降低，由于 H^+ 的增多，颗粒表面的去质子化作用降低，Zeta 电位显著升高。在向碱性方向滴定时颗粒的 Zeta 电位绝对值降低，一方面随 pH 值升高，由于溶液中 OH^- 的增多，颗粒表面的去质子化作用提高；一方面溶液中的 Na^+ 增多，在颗粒表面的 Na^+ 吸附量也增多，颗粒表面引入了 Na^+ 的正电作用，因此 Zeta 电位在滴定初始阶段 pH 值为 9 左右发生波动，随后随 pH 值的增大，颗粒的 Zeta 电位进一步提

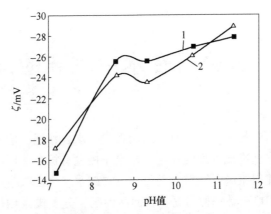

图 9-18　不同 pH 值下外电场作用前后煤泥水 Zeta 电位

1—加电前 Zeta 电位值；2—加电后 Zeta 电位值

高，因为此时去质子化作用的提高大于 Na^+ 在颗粒表面的吸附作用。

颗粒表面的质子化及去质子化为双电场中斯特恩层中的亥姆霍兹内层的吸附，Na^+ 为在斯特恩层以外的紧密层的吸附，根据 DLVO 理论，当两颗粒靠近时，颗粒之间的斥力是由于颗粒的双电场外层重合造成的，因此质子化及去质子化无法对颗粒的分散性质造成影响，而在其外层呈扩散状态的静电吸附的 Na^+ 会引起颗粒分散状态的较大变化，随 Na^+ 的增加，颗粒的双电层被压缩，更容易团聚沉降。因此在 pH 值小于 9 时，由于没有滴加 NaOH，不存在 Na^+ 的影响，不同 pH 值下颗粒的沉降速度保持稳定，在 pH 值大于 9 的情况下，溶液中 Na^+ 的量显著增多，引起颗粒之间的斥力减小，因此煤泥水的沉降速度增大。

随 pH 值的增大，OH^- 含量增多，铁离子及络合铁的量减少，氢氧化铁的量增多，因此铁离子及络合铁对颗粒的连接作用降低，随 pH 值的增大，更多的细粒颗粒受到的连接及网捕作用降低，上清液中细颗粒的量显著增加，直到 pH 值大于 9 以后，溶液中铁离子及络合铁全部转为氢氧化铁，上清液的透光率达到最小值后趋于稳定。

10 蒙脱石在水中剥离的抑制

当钠基蒙脱石颗粒浸入水中时，层间将发生水合作用，层间距被撑开，使得蒙脱石在水溶液中剥离成微细的片层。非离子极性有机分子可以取代吸附在蒙脱石外表面的水，使得蒙脱石颗粒表面可以变得疏水，失去吸附水分子的能力。十二烷基硫酸钠（SDS）是一种阴离子表面活性剂，分子式为 $CH_3(CH_2)_{11}SO_4Na$。十八烷基三甲基氯化铵（1831）是一种阳离子表面活性剂，分子式为 $C_{21}H_{46}NCl$。本章介绍了将两种表面活性剂预先吸附在蒙脱石的边缘上，在蒙脱石浸入到水中之前将亲水的边缘表面转变为疏水，从而防止水进入到蒙脱石的层间，抑制钠基蒙脱石在水中剥离为细颗粒。抑制蒙脱石在水溶液中的剥离将能够提高原矿含有蒙脱石的湿法冶金、磁选的固液分离效果，在此过程中，表面活性剂在钠基蒙脱石上的吸附对湿法冶金、磁选、固液分离等流程不会造成影响，因此，抑制蒙脱石在水溶液中的剥离对于上述过程具有重要意义。

10.1 剥离的抑制

在蒙脱石浸入水中之前，将一定比例的蒙脱石粉末分别与 SDS、1831 混合，在行星磨中进行充分作用，使得 SDS、1831 分别吸附到蒙脱石端面。图 10-1 为吸附 SDS 和 1831 的蒙脱石在水中的 Stokes 粒度。在 SDS 和 1831 预处理后，蒙脱石颗粒的 Stokes 粒度 $-1.1\mu m$ 百分比分别为 10.1% 和 9.2%，这两个值都比未处理的蒙脱石小得多（32.2%），表明未处理的蒙脱石的 Stokes 粒度比处理后的 Stokes 粒度小。Na-Mt 在水中的剥离通常由层间水化作用引起，在行星磨机混合 1h 后，药剂与蒙脱石颗粒充分混合，SDS 和 1831 吸附在蒙脱石表面，使得表面变成疏水。SDS 和 1831 的预先吸附削弱了蒙脱石与水之间的相互作用，抑制了蒙脱石在水溶液中的剥离。

蒙脱石的层间水化受到 SDS 和 1831 吸附的抑制。图 10-2 显示了用 SDS 和 1831 处理后的蒙脱石的 XRD。结果表明，未处理的蒙脱石原矿的层间距主要有 1.24nm 和 1.34nm 两种类型。层间间距为 1.34nm 的蒙脱石是层间形成了水化作用，可以在水中剥离。在 60℃ 干燥后的蒙脱石颗粒，层间 Na^+ 的一些水化水分子仍然留在周围，使得层间距变为 1.34nm。层间配恒离子为这些蒙脱石层间吸附水分子并扩大层间距提供了水化能，导致这些蒙脱石颗粒分层为细颗粒。SDS 和 1831 处理后的蒙脱石的层间距全部为 1.24nm，小于未处理的蒙脱石原矿

（1.34nm），较小的层间距因于蒙脱石的疏水化防止水进入层间，抑制了蒙脱石的剥离。

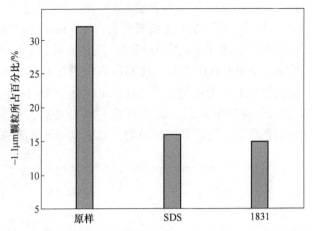

图 10-1　原矿及药剂处理后的蒙脱石 Stokes 粒度-1.1μm 粒级百分比

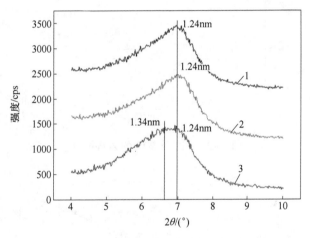

图 10-2　SDS 和 1831 机械化学处理后蒙脱石颗粒的 XRD
1—1831；2—SDS；3—水

10.2　SDS 和 1831 的吸附位置

通过测定 SDS 和 1831 在蒙脱石端面及 001 面的吸附容量，能够确定 SDS 和 1831 的吸附位置。药剂 [Cu(tetren)]$^{2+}$ 只吸附在蒙脱石的 001 面上，首先将 [Cu(tetren)]$^{2+}$ 吸附到蒙脱石的表面上，蒙脱石原矿为 MT1 样品，吸附了 [Cu(tetren)]$^{2+}$ 为 MT2 样品，MT1 和 MT2 的 ζ 电位如图 10-3 所示。MT2 的 ζ 电位约为 0 mV，这意味着 MT2 蒙脱石样品 001 面完全被 [Cu(tetren)]$^{2+}$ 覆盖。

图 10-4和图 10-5 分别显示 SDS 和 1831 在 MT1 和 MT2 表面的吸附容量。图 10-6
显示了 SDS 和 1831 处理后残留样品表面上的 Cu 的含量。结果显示，蒙脱石吸附
［Cu(tetren)］$^{2+}$前后 SDS 和 1831 的吸附容量相近，而 SDS 处理的 MT2 样品的铜
含量明显高于 1831，表明蒙脱石 001 表面吸附的 ［Cu(tetren)］$^{2+}$可被 1831 所取
代，但不能被 SDS 所取代。由于 Mt 表面在吸附 ［Cu(tetren)］$^{2+}$前后 SDS 吸附量
相近，SDS 不能吸附在蒙脱石 001 表面，故 SDS 在蒙脱石表面的吸附能力归因于
边缘表面吸附；蒙脱石 001 表面吸附的 ［Cu(tetren)］$^{2+}$可被 1831 所取代，说明
1831 能够吸附在蒙脱石的整个表面。蒙脱石经 SDS 处理后，在水中不能剥离，
因此只要表面活性剂在蒙脱石的边缘上被吸附，就可以抑制剥离的发生。

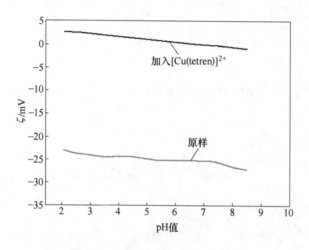

图 10-3　MT1 及 MT2 的 Zeta 电位

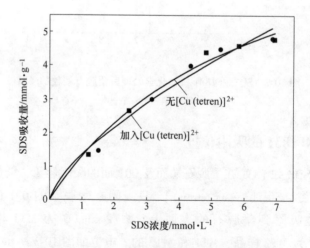

图 10-4　MT1 和 MT2 样品表面 SDS 的吸附容量

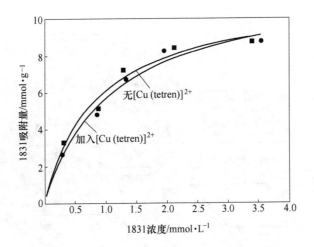

图 10-5 MT1 和 MT2 样品表面 1831 的吸附容量

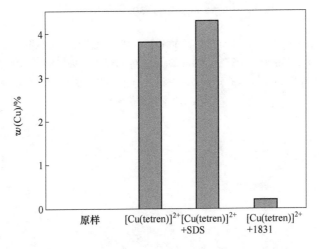

图 10-6 采用不同方法处理的蒙脱石样品 Cu 含量

SDS 和 1831 在蒙脱石表面的吸附位置如图 10-7（a）～（e）所示。图 10-7（a）、（b）、（c）、（d）、（e）分别显示了初始的蒙脱石颗粒、[Cu(tetren)]$^{2+}$ 在蒙脱石表面的吸附位置、SDS 与 [Cu(tetren)]$^{2+}$ 的吸附关系、1831 在蒙脱石表面的吸附位置、SDS 的吸附位置。图 10-7（d）和图 10-7（c）表明吸附在蒙脱石 001 面的 [Cu(tetren)]$^{2+}$ 可以被 1831 取代，但不能被 SDS 取代。另外，[Cu(tetren)]$^{2+}$ 可以在 SDS 的作用下吸附在蒙脱石的边缘上，如图 10-7（c）所示。总之，SDS 仅吸附在蒙脱石边缘表面，1831 吸附在蒙脱石的边缘表面和 001 面，分别如图 10-7（e）和 10-7（d）所示。

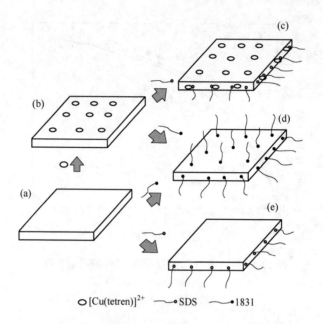

图 10-7　蒙脱石颗粒表面 SDS 和 1831 吸附位置示意图

（a）初始的蒙脱石颗粒；（b）［Cuctetren)]²⁺在蒙脱石表面的吸附位置；

（c）SDS 与［Cu（tetren)]²⁺的吸附关系；（d）1831 在蒙脱石表面的吸附位置；

（e）SDS 的吸附位置

参 考 文 献

[1] 陈清如. 发展洁净煤技术推动节能减排[J].高校科技与产业化,2008, 3：65-67.

[2] 徐云涛. 能源发展与环境问题[J].能源环境保护,2007, 21（4）：67-68.

[3] 高志芳，朱书全，张晓勇，等. 煤炭洗选加工在环境保护和可持续发展中的作用[J].中国资源综合利用,2007, 25（2）：26-28.

[4] 黄金花. 关于节水型社会建设[J].环境科学,2010, 20（3）：212-213.

[5] 刘玉宝，谷人旭. 我国煤炭资源型城市环境问题研究[J].枣庄学院学报,2006, 32（2）：54-57.

[6] A C Pierre, K Ma. Sedimentation behaviour of kaolinite and montmorillonite mixed with iron additives, as a function of their zeta potential[J]. Journal of Materials Science, 1997, 32：2937-2947.

[7] 卢寿慈，翁达. 界面分选原理及应用[M]. 北京：冶金工业出版社，1992.

[8] 曹茂盛，李大勇，荆天辅，等. 应用表面化学与技术[M]. 哈尔滨：哈尔滨工业大学出版社，2000.

[9] 李敏，宗栋良. 混凝中 zeta 电位的影响因素[J].环境科技,2010, 23（3）：9-16.

[10] 李东颖，杨光瑞. 表面电位对煤泥水混凝过程的作用及影响[J].煤炭加工与综合利用,2009, 3：17-19.

[11] 朱龙，苏永渤，张秀娟. 煤泥水动电电位的测试与应用[J].水处理技术,1998, 4：225-228.

[12] Mustafa M B, Harold W W. Effect of naturalorganic coatings on the polymer induced coagulation ofcolloidal articles[J].Colloids and Surfaces A:physicochemicaland Engineering Aspects, 2001, 177（3）：215-222.

[13] Omar El-Gholabzouri, Miguel Ángel Cabrerizo-Vílchez, Roque Hidalgo-Álvarez. Electrokinetic parameters of colloidal model systems: analysis and comparison between dilute and concentrated dispersions[J].Journal of Colloid and Interface Science 2003, 261（2）：386-392.

[14] Hiroyuki Ohshima U. Cell model calculation for electrokinetic phenomena in concentrated suspensions: an Onsager relation between sedimentation potential and electrophoretic mobility[J]. Advances in Colloid and Interface Science.2000, 34（3）：1-18.

[15] Sandor Barany, Hiroyuki Ohshima. Electrophoresis in strong electric fields[J]. Advances in Colloid and Interface Science,2009, 147-148（4）：36-43.

[16] José Luis Amorós. Electrokinetic and rheological properties of highly concentrated kaolin dispersions: Influence of particle volume fraction and dispersant concentration[J].Applied Clay Science,2010, 25（5）：33-43.

[17] C. Chassagne. Electrokinetic study of kaolinite suspensions[J].Journal of Colloid and Interface Science,2009, 336（12）：352-359.

[18] E. Ofira, Y. Orenb, A. Adina A. V. Electroflocculation: the effect of zeta-potential on particle size[J].Desalination.2007, 204（8）：33-38.

[19] A. V. Delgado a, F. González-Caballero a, R. J. Hunter b, et al. Measurement and interpretation of electrokinetic phenomena[J].Journal of Colloid and Interface Science,2007, 309 (4): 194-224.

[20] Megas-Alguacil D, Arroyo F J, Carrique F, et al. The electroviscous effect in ethlcellulose latex suspensions. Effect of ionic strength and correlation between theory and experiments[J]. Colloid Polym Sci,2000, 113 (3): 278-653.

[21] Vorwerg L, Antonietti M, Tauer K, et al. Electrophoretic mobility of latex particles: effect of particle size and surface structure[J].Colloids and Surface,1999, 34 (3): 129-135.

[22] Gholabzouri O E, Cabrerizo M A, Alvarez R H. Electrokinetic phenomena [M]. Austria: Salzburg, 1998.

[23] Chen Huiying, Zhu Yuelin, Liu Yan, et al. Manipulation and separation of particles of metal oxides by dielectrophoresis[J].Chinese Universities,2010, 26 (4): 645-648.

[24] Chen Huiying, Han Ping, Wang Bin, et al. Preparation of chips for dielectrophoresis (DEP) and application in separation of different cell types by DEP[J].Chinese Journal of Sensors And Actuators,2010, 6: 757-763.

[25] 朱现信, 杨宏, 王天瑞. 静电水处理技术研究现状[J].研究进展,2006, 12 (5): 37-39.

[26] 杨庆华, 何建波, 马昕. 电磁水处理[J].浙江工业大学学报,1999, 27 (3): 228-232.

[27] 张向荣, 王连泽, 朱克勤. 外电场对荷电颗粒静电凝聚的影响[J].清华大学学报,2005, 49 (8): 1007-1009.

[28] 谭百贺, 王连泽, 吴子牛. 双极荷电颗粒在外加交变电场中的静电凝聚[J].清华大学学报,2009, 49 (2): 301-304.

[29] 汤振宏. 铝土矿泥电泳沉降试验研究 [D]. 桂林: 桂林理工大学, 2007, 2.

[30] 邵武, 何绪文. 加压-电化学脱水机的试验研究[J].河北煤炭,1995, 25 (2): 23-25.

[31] 李祖奎, 王克, 王吉东, 等. 高频电场处理水泥浆的机理及试验[J].石油钻探技术, 1997, 25 (1): 28-30.

[32] 杜慧玲, 王建中, 齐锦刚, 等. 脉冲电场对海水中悬浮颗粒物沉降效率的影响[J].天津大学学报,2007, 33 (11): 1305-1308.

[33] 马志毅, 刘瑞强, 等. 电凝聚对悬浮物和有机物去除功效的试验研究[J].给水排水, 1998, 24 (11): 37-41.

[34] 马晓伟, 谢朝新. 高压静电水处理技术的研究现状及展望[J].环境科学与管理,2010, 35 (6): 102-105.

[35] 刘宝臣, 肖明贵, 赵艳林, 等. 铝土矿泥电泳沉降试验研究 [J] 中国矿业, 2008, 17 (2): 98-101.

[36] 张青明, 刘炯天, 王永田. 水质硬度对煤泥水中煤和高岭石颗粒分散行为的影响[J].煤炭学报,2008, 33 (9): 1058-1062.

[37] 张明青, 刘炯天, 单爱琴, 等. 煤泥中 Ca^{2+} 在黏土矿物表面的作用[J].煤炭学报,2005, 30 (5): 637-641.

[38] 刘炯天, 冯莉. 基于水质调整的煤泥水澄清控制方法[P]. 中国专利, 200710190527.

5, 2008.

[39] 刘炯天, 张明青, 曾艳. 不同类型黏土对煤泥水中颗粒分散行为的影响[J].中国矿业大学学报,2010, 39 (1): 60-63.

[40] 朱金波, 王跃, 闵凡飞, 等. 新集二矿选煤厂煤炭泥化及煤泥沉降絮凝沉降研究[J].煤炭加工与综合利用,2007, 21 (6): 5-7.

[41] 曹学章, 冯晔, 王晓坤. 难沉降煤泥水的沉降试验研究[J].选煤技术,2011, 24 (10): 11-13.

[42] A. Garg, I. M. Mishra, S. Chand. Thermochemical precipitation as a pretreatment step for the chemical oxygen demand and color removal from pulp and paper mill effluent. Ind. Eng. Chem. Res. 2005, 33 (44): 2016-2026.

[43] M. Fan, R. C. Brown, S. Sung, et al. A process for synthesizing polymeric ferric sulfate using sulfur dioxide from coal combustion. Int[J].Environ.Pollut. 2002, 45 (17): 102-109.

[44] 董宪姝, 姚素玲, 张凌云. 电化学絮凝的应用与发展[J].选煤技术,2008, 22 (4): 132-135.

[45] 董宪姝, 姚素玲, 候基贯. 一种电解法沉降净化煤泥水的方法 [P]. 中国专利, 200910073654. 6, 2009.

[46] 陈洪砚, 李铁庆, 李敬峰. 电絮凝法处理煤泥水的研究[J].环境保护科学. 1992. 38 (1): 43-46.

[47] Brian K S, Garrison S. Surface charge properties of kaolinite[J].Clays and Clay Minerals, 1997, 45 (1): 85-91.

[48] Blanco C, Herrero J, Mendioroz S, et al. Infrared studies of surface acidity and reversible folding in palygorskite[J].Clay and Clay Minerals,1988, 36 (4): 221-231.

[49] Duran J. D. G, Ramos Tejada M. M., Arroyo F. J., et al. Rheological and electrokinetic properties of sodium montmorillonite suspensions[J].Journal of Colloid and Interface Science, 2000, 22 (6): 107-117.

[50] Karlsson M., Craven C. Dove P. M., et al, Surface charge concentrations on silica in different 1. 0 M metal-chloride background electrolytes and implications for dissolution rates[J].Aquatic Geochemistry,2001, 24 (7): 13-32.

[51] Sabah E, Cen Gize I. An evaluation procedure for flocculation of coal preparation plant tailings [J].Water Research,2004, 38 (6): 1542-1549.

[52] Sparks D L. Soil physical chemistry [M]. Boca Raton: CRC Press, 1986.

[53] Y Yukselen, A ksoy, A Kaya. A study of factors affecting on the zeta potential of kaolinite and quartz powder[J].Environ Earth Sci,2011, 62 (5): 697-705.

[54] Hu Y, Liu X. Chemical composition and surface property of kaolins[J].Minerals Engineering, 2003, 8 (3): 1279-1284.

[55] Yeliz Yukselen, Abidin Kaya. Zeta potential of kaolinite in the presence of alkalt , alkaline earth and hydrolysable metal ions [J]. Water, Air, and Soil Pollution, 2003, 21 (3): 155-168.

[56] A Kaya, Y Yukselen. Zeta potential of clay minerals and quartz contaminated by heavymetals [J].NRC,2005: 1280-1289.

[57] Williams D J A, Williams K P. Electrophoresis and zeta potential of kaolinite[J].Colloid Interface Sci,1978, 13 (3): 79-87.

[58] Hamed J, Acar Y B, Gale R J. Pb (Ⅱ) removal from kaolinite by electrokinetics[J].Geotech Eng,1991, 34 (3): 241-271.

[59] West L J, Stewart D L. Effect of zeta potential on soil electrokinesis[J].The proc of geoenvironment,2000, 27 (5): 1535-1549.

[60] Kaya A, Yukselen Y. Zeta potential of clay minerals and quartz contaminated by heavy metals [J].Can Geotech,2005, 43 (5): 1280-1289.

[61] Zhihong Zhou, William D. Gunter. The nature of the surface charge of kaolinite[J].Clays and Minerals,1992, 18 (3): 365-368.

[62] F Bergaya, B K G Theng, G Lagaly. Handbook of Clay Science [M]. Elsevier: Amsterdam, 2006.

[63] 谢静思, 甘学锋. 高岭石降黏试验研究[J].中国非金属矿工业导刊,2007, 18 (3): 28-31.

[64] 陈洁渝, 严春杰, 涂晶. 纳米高岭石的研究与应用[J].材料导报,2006, 20 (Ⅵ): 196-198.

[65] Brady P V. Cygan R T, Nagy K L. Molecular controls on kaolinite surface charge[J].Joumal of Colloid and Interface Science,1996, 183: 358-364.

[66] Wieland E, Stumm W. Dimolution kinetics of kaolinite in acidic[J].Geochimica et Cosmochimica Acta,1992, 56 (5): 3339-3355.

[67] 任俊, 沈健, 卢寿慈. 颗粒分散科学与技术 [M]. 北京: 化学工业出版社, 2005.

[68] 杨帅杰, 沈忠悦, 叶瑛. 高岭石晶粒表面的电荷分布及其工业意义[J].非金属矿,2001, 32 (3), 5-7.

[69] 王濮, 潘兆橹, 翁玲宝, 等. 系统矿物学 (中册) [M]. 北京: 地质出版社, 1984.

[70] Zhang Guan Ying. Non metalic mines min-eralogy [M]. Wuhan University of Technology Press, 1989: 189.

[71] 费进波, 田熙科, 皮振邦. 纳米级高岭石表面性能的理论分析及相关实验研究[J].中国非金属矿工业导刊,2006, 52 (1): 30.

[72] Ferris, A. P., Jepson W. B. The exchange capacities of kaolinite and the preparation of homoionic clays[J].Colloid Interface Sci,1975, 51 (3): 254-259.

[73] Sposito G. The surface chemistry of soils [J]. New York: Oxford University Press, 1984, 4 (32): 234.

[74] James, A. E. Willians. D. J. A. Particle interaction and rheological effects in kaolinite suspensions[J].Adv Colloid Interface Sci,1982, 45 (5): 219-232.

[75] Newman A. C. D. Chemistry of Clays and Clay Minerals [M]. London: Longman Group UK Limited, 1987, 39 (4): 208.

［76］Rand B, Mdton I E. Particle interactions in aqueous kaolinite suspensions[J].Journal of Colloid and Interlace Seience,1977, 60 (5)：308-320.

［77］Wieland E, Stumm W. Dissolution kinetics of kaolinite in acidic aqueous Solutions [J]. Geochimica et.Cosmochimica Acta, 1992, 56 (6)：3339-3355.

［78］张晓萍，胡岳华，黄红军，等. 微细粒高岭石在水介质中的聚团行为[J].中国矿业大学学报,2007, 39 (7)：514-517.

［79］Yuan J, Pruett R J. Zeta potential and related properties of kaolin clays from Georgia[J].Minerals and Metallurgical Processing,1998, 65 (2)：50-52.

［80］张国范. 铝土矿浮选脱硅基础理论及工艺研究 [D]. 长沙：中南大学, 2001.

［81］江棍，邢宏龙，张勇，等. 工科化学 [M]. 北京：化学工业出版社, 2003, 8：203-205.

［82］张小平. 胶体界面与吸附教程 [M]. 广州：华南理工大学出版社, 2008.

［83］赵晴，闵凡飞，李宏亮，等. 石英颗粒表面电动电位影响因素及变化规律[J].矿业科学技术,2011. 36 (12), 34-37.

［84］Sparks D L. Soil physical chemistry [M]. CRC Press, 1986.

［85］Sabah E, Cengize I. An evaluation procedure for flocculation of coal preparat ion plant ailings [J].Water Research,2004, 38 (6)：1542-1549.

［86］Ma K S, Pierre A C. Clay sediment-structure formation in aqueous kaolinite suspensions[J]. Clays Clay Miner,1999, 47 (7)：522.

［87］Sposito G. Surface reactions in natural aqueous colloidal systems[J].Schweizerischer Chemiker-Verband,1989, 43 (8)：169-176.

［88］Chorom M, Rengasamy P. Dispersion and zeta potential of pure clays as related to net particle charge under varying pH electrolyte concentration and cation type[J].Soil Sci,1995, 46 (5), 657-665.

［89］张明青，刘炯天，周晓华，等. 煤泥水中主要金属离子的溶液化学研究[J].煤炭科学技术,2004, 24 (2)：14-18.

［90］F Bergaya, B K G Theng, G Lagaly. Hand book of clay science [M]. Elsevier Science, 2005, 37 (6)：143.

［91］Shang J Q. Zeta potential and electroosmotic permeability of clay soils[J].Can Geotech,1997, 34 (4)：627-631.

［92］Smith R W, Narimatsu Y. Electrokinetic behaviour of kaolinite in surfactant solutions as measured by both the microelectrophoriesis and streaming potential methods[J].Minerals Engineer. 1993, 46 (6)：753-763.

［93］Hotta Y, Banno T, Nomura Y, et al. Factors affecting the plasticity of Georgia kaolin green body[J].Ceramic Soc.of Japan, 1999, 107 (8)：868-871.

［94］Dzenitis J M. Soil chemistry effects and flow prediction in electroremediation of soil[J].Environ. Sci. Technol, 1997, 37 (5)：1191-1197.

［95］Holtz R D, Kovacs W D. An introduction to Geotechnical engineering [M]. Prentice-Hall Inc, 1981：733.

［96］ S Lu, R J Pugh, E Forssberg. Interfacial separation of particles ［M］. Elsevier, 2005：63-64.

［97］ Huang P, Fuerstenau D W. The effect of the adsorption of lead and cadmium ions on the interfacial behavior of quartz and talc［J］. Coll Surf A Pyhsicochem Eng Asp, 2001, 177 （7）：147-156.

［98］ Xu G, Zhang J, Song G. Effect of complexation on the zeta potential of silica powder［J］. Powder Technol, 2003, 134 （4）：218-222.

［99］ Prasanphan S, Nuntiya A. Electrokinetic properties of kaolins sodium feldspar and quartz［J］. Chiang Mai J Sci, 2006, 33 （2）：183-190.

［100］ Rodriguez K, Araujo M. Temperature and pressure effects on zeta potential values ofreservoir materials［J］. Coll Interface Sci, 2006, 300 （6）：788-794.

［101］ Xu G, Zhang J, Song G. Effect of complexation on the zeta potential of silica powder［J］. Powder Technol, 2003, 134 （5）：218-222.

［102］ 芦鑫, 程永强, 李里特. 全子叶豆腐凝胶性质研究［J］. 农业机械学报, 2010, 9 （26）：128-131.

［103］ T J Johnson, E J. Davis. Electrokinetic clarification of colloidal suspensions［J］. Environ. Sci. Technol, 1999, 33 （6）：1250-1255.

［104］ 冯莉, 刘炯天, 张明青, 等. 煤泥水沉降特性的影响因素分析［J］. 中国矿业大学学报, 2010, 35 （9）；671-675.

［105］ James E. Martin, Kimbefly M. Hill, Chris P. Tigges. Magnetic-field-induced optical transmittance in colloidal suspensions［J］. Physical Review E, 1999, 59 （5）：5676-5692.

［106］ 王海峰. 摩擦电选过程动力学及微细粉煤强化分选研究 ［D］ 徐州：中国矿业大学, 2010.

［107］ 刘小兵, 程良骏. Basset 力对颗粒运动的影响［J］. 西华大学学报, 1996, 15 （2）：55-63.

［108］ 林喆, 杨超, 沈正义, 等. 高泥化煤泥水的性质及其沉降特性［J］. 煤炭学报, 2012, 35 （2）：312-315.

［109］ 陈忠杰, 闵凡飞, 朱金波, 等. 高泥化煤泥水絮凝沉降试验研究［J］. 煤炭科学技术, 2010, 38 （9）：117-120.

［110］ 董宪姝, 姚素玲, 刘爱荣, 等. 电化学处理煤泥水沉降特性的研究［J］. 徐州中国矿业大学学报, 2010, 39 （5）：753-757.

［111］ 赵晴, 闵凡飞, 等. 原煤密度对泥化及煤泥颗粒表面电位的影响. ［J］. 煤炭科学技术, 2011, 37 （6）：115-118.

［112］ 许宁, 马强, 赵亮, 等. 难沉降煤泥水组成及特点的研究［J］. 洁净煤技术, 2010, 34 （6）：16-18.

［113］ 郭玲香, 欧泽深, 胡明星. 煤泥水悬浮液体系中 EDLVO 理论及应用［J］. 中国矿业, 1999, 8 （6）：69-72.

［114］ 张明青, 刘炯天, 刘汉湖, 等. 水质硬度对煤和蒙脱石颗粒分散行为的影响［J］. 中国矿业大学学报, 2009, 38 （1）：114-118.

[115] Zhou Yulin, Hu Yuehua, Wang Yuhua. Effect of metallic ions on dispersibility of fine diaspore[J].Transactions Nonferrous Met.Soc. China, 2011, 21 (8): 1166-1171.

[116] Aouada F. A., Mattoso L. H. C., Longo E. . New strategies in the preparation of exfoliated thermoplastic starch-montmorillonite nanocomposites. Ind. Crops Prod, 2011, 34: 1502-1508.

[117] Aplan, F. F. . The historical development of coal flotation in United States. Adv. Flotat. Technol, 1997.

[118] Biggs S. . Aggregate structures and solid-liquid separation processes. KONA Powder Part. J, 2006, 24, 41-53.

[119] Boek E. S., Coveney P. V., Skipper N. T. . Monte Carlo molecular modeling studies of hydrated L_i^-, N_a^-, and K^-smectites: understanding the role of potassium as a clay swelling inhibitor[J].J. Am. Chem. Soc. 1995, 117, 12608-12617.

[120] Bruno, B. . Hydro-geotechnical properties of hard rock tailing from metal mines and emerging geo-environmental disposal approaches[J].Can.Geotech. J. 2007, 44: 1019-1052.

[121] Chen Q., Zhu R., Zhu Y., et al. Adsorption of polyhydroxy fullerene on polyethylenimine-modified montmorillonite[J].Appl.Clay Sci. 2016. 132-133, 412-418.

[122] Chivrac F., Pollet E., Dole P. Starch-based nano-biocomposites: Plasticizer impact on the montmorillonite exfoliation process[J].Carbohydr.Polym. 2010, 79, 941-947.

[123] Churchman G. J., Gates W. P., Theng B. K. G. . Chapter 11. 1 clays and clay minerals for pollution control, 2nd ed, Developments in Clay Science[J].Copyright © 2013, 2006 Elsevier Ltd. 2006.

[124] Fang L., Hong R., Gao J. . Degradation of bisphenol A by nano-sized manganese dioxide synthesized using montmorillonite as templates[J].Appl.Clay Sci. 2016: 132-133, 155-160.

[125] Ferrage E., Lanson B., Malikova N. New insights on the distribution of interlayer water in bihydrated smectite from X-ray diffraction profile modeling of 001 reflections [J].Chem. Mater. 2005a. 17, 3499-3512.

[126] Ferrage E., Lanson B., Sakharov B. A. . Investigation of smectite hydration properties by modeling experimental X-ray diffraction patterns: Part I: Montmorillonite hydration properties [J].Am.Mineral. 2005b. 90, 1358-1374.

[127] Fu M., Zhang Z., Wu L. . Investigation on the co-modification process of montmorillonite by anionic and cationic surfactants[J].Appl.Clay Sci. 2016.

[128] Galimberti M., Cipolletti V., Cioppa S. . Reduction of filler networking in silica based elastomeric nanocomposites with exfoliated organo-montmorillonite[J].Appl.Clay Sci. 2016.

[129] Garfinkel-Shweky D., Yariv S. . The determination of surface basicity of the oxygen planes of expanding clay minerals by acridine orange[J].J. Colloid Interface Sci. 1997: 188, 168-175.

[130] Giese R. F., Van Oss C. J., Norris J. et al. Surface energies of some smectite clay minerals, in: Proceedings of the 9th International Clay Conference, Strasbourg [R]. pp. 33-41. 1989.

[131] Gorakhki M. H., Bareither C. A. . Salinity effects on sedimentation behavior of kaolin, bentonite, and soda ash mine tailings[J].Appl.Clay Sci. 2015, 114, 593-602.

[132] Gu N., Gao J., Li H. . Montmorillonite-supported with Cu_2O nanoparticles for damage and removal of Microcystis aeruginosa under visible light[J].Appl.Clay Sci. 2016.

[133] Güven N., Pollastro R. M. . Clay-water interface and its rheological implications. ClayMinerals Society, 1992.

[134] Helmy A. . The limited swelling of montmorillonite [J]. J. Colloid Interface Sci. 1998. 207, 128-129.

[135] Jasmund K., Lagaly G. . Tonminerale und Tone. Steinkopff Verlag Darmstadt. Struktur, Eigenschaften, Anwendungen und Einsatz in Industrie und Umwelt, 1993.

[136] Jaynes W. F., Boyd S. A. . Trimethylphenylammonium-Smectite as an Effective Adsorbent of Water Soluble Aromatic Hydrocarbons[J].J. Air Waste Manag. Assoc. 1990, 40, 1649-1653.

[137] Jergensen G. V. Copper leaching, solvent extraction, and electrowinning technology [J]. SME.1999.

[138] Karaborni S., Smit B., Heidug W. . The Swelling of Clays: Molecular Simulations of the Hydration of Montmorillonite[J].Science.1996.

[139] Klika Z., Seidlerová J., Valášková M. . Kolomazník, I., Uptake of Ce (III) and Ce (IV) on montmorillonite[J].Appl.Clay Sci, 2016, 132-133, 41-49.

[140] Lagaly G., Dékány I. . Colloid Clay Science, Developments in Clay Science, 2013.

[141] Lee J. I., Mortland M. M., Chiou C. T. et al. Adsorption of benzene, toluene and xylene by two tetramethylammonium-smectites having different charge densities [J]. Clays Clay Miner,1990.

[142] Liu C., Li H., Johnston C. T., et al. Relating clay structural factors to dioxin adsorption by smectites: Molecular dynamics simulations[J].Soil Sci.Soc. Am. J.2012, 76, 110-120.

[143] Liu C., Li H., Teppen B. J., et al. Mechanisms associated with the high adsorption of dibenzo-p-dioxin from water by smectite clays[J].Environ.Sci. Technol. 2009, 43, 2777-2783.

[144] Loudiki A., Hammani H., Boumya W., et al Electrocatalytical effect of montmorillonite to oxidizing ibuprofen: Analytical application in river water and commercial tablets[J].Appl.Clay Sci. 2016. 123, 99-108.

[145] Malandrini H., Clauss F., Partyka S., et al. Interactions between Talc Particles and Water and Organic Solvents[J].J. Colloid Interface Sci. 1997. 194, 183-193.

[146] Michot L. J., Villieras F., Francois M., et al. The Structural Microscopic Hydrophilicity of Talc[J].Langmuir,1994. 10, 3765-3773.

[147] Monsalvo R., de Pablo L., Chievez M. L. . Hydration of Ca-montmorillonite at basin conditions: A Monte Carlo molecular simulation[J].Rev.Mex. Ciencias Geol. 2006. 23, 84-95.

[148] Mooney R. W., Keenan A. G., Wood L. A. . Adsorption of water vapor by montmorillonite. I. Heat of desorption and application of BET theory[J].J. Am. Chem. Soc. 1952. 74, 1367-1371.

[149] Na P., Zhang F. . Molecular Dynamics Simulation of Na-montmorillonite and Na / Mg-montmorillonite Hydrates[J].Acta physico chimica sinica,2006. 22, 1137-1142.

[150] Rana K., Boyd S. A., Teppen B. J., et al. Probing the microscopic hydrophobicity of

smectite surfaces[J].A vibrational spectroscopic study ofdibenzo-p-dioxin sorption to smectite [J].Phys.Chem. Chem. Phys. 2009. 11, 2976-2985.

[151] Rao S. M., Thyagaraj T., Raghuveer Rao P. . Crystalline and Osmotic Swelling of an Expansive Clay Inundated with Sodium Chloride Solutions[J].Geotech.Geol. Eng. 2013. 31, 1399-1404.

[152] Schrader M. E., Yariv S. . Wettability of clay minerals[J].J. Colloid Interface Sci. 1990. 136, 85-94.

[153] Schramm L. L., Kwak J. C. T. . Interactions in clay suspensions: The distribution of ions in suspension and the influence of tactoid formation[J].Colloids and Surfaces,1982. 4, 43-60.

[154] Skipper N. T., Sposito G., Chang F. R. C. . Monte Carlo simulation of interlayer molecular structure in swelling clay minerals. 2. Monolayer hydrates[J].Clays Clay Miner.1995. 43, 294-303.

[155] Smith D. E. . Molecular computer simulations of the swelling properties and interlayer structure of cesium montmorillonite[J].Langmuir,1998. 14, 5959-5967.

[156] Sposito G. . The chemistry of soils. Oxford university press. 2008.

[157] Tan H., Gu B., Ma B., et al.Mechanism of intercalation of polycarboxylate superplasticizer into montmorillonite. Appl. Clay Sci. 2015.

[158] Tao L., Xiao-Feng T., Yu Z., et al. Swelling of K^+, Na^+ and Ca^{2+}-montmorillonites and hydration of interlayer cations: a molecular dynamics simulation[J].Chinese Phys.B, 2010, 19 (10): 109101.

[159] Teich-McGoldrick S. L., Greathouse J. A., Jove-Colon C. F., et al.Swelling Properties of Montmorillonite and Beidellite Clay Minerals from Molecular Simulation: Comparison of Temperature, Interlayer Cation, and Charge Location Effects[J].J. Phys. Chem. C, 2015. 119, 20880-20891.

[160] Wang X., Li Y. . Solution-based synthetic strategies for 1-D nanostructures. Inorg. Chem. 2006. 45, 7522-7534.

[161] Wang Y., Peng Y., Nicholson T., et al. The different effects of bentonite and kaolin on copper flotation[J].Appl.Clay Sci. 2015. 114, 48-52.

[162] Wang Z., Wang X., Li G., et al.Enhanced exfoliation of montmorillonite prepared by hydrothermal method[J].Appl.Clay Sci. 2008. 42, 146-150.

[163] Weast R. C., CRC Handbook of Chemistry and Physics [M]. Book. 1989.

[164] Yariv S., The effect of tetrahedral substitution of Si by Al on the surface acidity of the oxygen plane of clay minerals[J].Int.Rev. Phys. Chem. 1992. 11, 345-375.

[165] Zhang L., Lu X., Liu X., Hydration and mobility of interlayer ions of (Nax, Cay) -montmorillonite: A molecular dynamics study[J].J. Phys. Chem. C. 2014. 118, 29811-29821.

[166] Zhang Z., Liao L., Xia Z. . Ultrasound-assisted preparation and characterization of anionic surfactant modified montmorillonites[J].Appl.Clay Sci. 2010. 50, 576-581.

[167] Zhijun Z., Jiongtian L., Zhiqiang X., et al.Effects of clay and calcium ions on coal flotation [J].Int.J. Min. Sci. Technol. 2013. 23, 689-692.

［168］ Zhuang G., Zhang H., Wu H., et al. Influence of the surfactants' nature on the structure and rheology of organo-montmorillonite in oil-based drilling fluids［J］.Appl.Clay Sci. 2016a.

［169］ Zhuang G., Zhang Z., Sun J., et al. The structure and rheology of organo-montmorillonite in oil-based system aged under different temperatures［J］.Appl.Clay Sci. 2016b. 124-125, 21-30.

［170］ Ali S. .Bandyopadhyay, R., Evaluation of the exfoliation and stability of Na-montmorillonite in aqueous dispersions［J］.Appl.Clay Sci. 2015. 114, 85-92.

［171］ Arnold, B. J., Aplan F. F. . The effect of clay slimes on coal flotation, part I: The nature of the clay［J］. Int. J. Miner. Process. 1986. 17, 225-242.

［172］ ATDLHAN S. . Molecular dynamics simulation of montmorillonite and mechanical and thermodynamic properties calculations［J］.2007.

［173］ Bohren C. F., Huffman D. R. .Absorption and scattering of light by small particles ［M］. John Wiley & Sons. 2008.

［174］ Boyd S. A., Johnston C. T., Laird D. A., et al. Comprehensive Study of Organic Contaminant Adsorption by Clays: Methodologies, Mechanisms, and Environmental Implications［J］.Biophys.Process. Anthropog. Org. Compd. Environ. Syst. 2011. 51-71.

［175］ Celik M. S., Hancer M., Miller J. D. .Flotation chemistry of boron minerals［J］.J. Colloid Interface Sci. 2002. 256, 121-131.

［176］ Chang T. -P., Shih J. -Y., Yang K. -M., et al. Material properties of Portland cement paste with nano-montmorillonite［J］.J. Mater. Sci. 2007. 42, 7478-7487.

［177］ FENG L., LIU J., ZHANG M., et al. Analysis on Influencing Factors of Sedimentation Characteristics of Coal Slime Water ［J］.J. China Univ. Min. Technol. 5, 9. 2010.

［178］ Ferrage E., Lanson B., Michot L. J., et al. Hydration properties and interlayer organization of water and ions in synthetic na-smectite with tetrahedral layer charge［J］.Part 1. Results from X-ray diffraction profile modeling. J. Phys. Chem. C. 2010. 114, 4515-4526.

［179］ Hashemifard S. A., Ismail A. F., Matsuura T. . Effects of montmorillonite nano-clay fillers on PEI mixed matrix membrane for CO_2 removal［J］.Chem.Eng. J. 2011. 170, 316-325.

［180］ Johnston. C. T. . Sorption of organic compounds on clay minerals: A surface functional group approach, in: CMS Workshop Lectures ［R］. The Clay Minerals Society, 1996. pp. 1-44.

［181］ Johnston C. T., Tombacz E. . Surface chemistry of soil minerals［J］.Soil Mineral.with Environ. Appl. 2002. 37-67.

［182］ Marry V., Turq P., Cartailler T., et al. Microscopic simulation of structure and dynamics of water and counterions in a monohydrated montmorillonite［J］.J. Chem. Phys. 2002. 117, 3454-3463.

［183］ Møller H. B., Lund I., Sommer S. G. . Solid-liquid separation of livestock slurry: efficiency and cost［J］.Bioresour.Technol. 2000. 74, 223-229.

［184］ Salles F., Beurroies I., Bildstein O., et al. A calorimetric study of mesoscopic swelling and hydration sequence in solidNa-montmorillonite［J］.Appl. Clay Sci. 2008. 39, 186-201.

［185］ Salles F., Douillard J. -M., Bildstein O., et al Impact of the substitution distribution and the interlayer distance on both the surface energy and the hydration energy for Pb-montmorillonite

[J].Appl.Clay Sci. 2011. 53, 379-385.

[186] Sposito G., Grasso D. . Electrical double layer structure, forces, and fields at the clay-water interface[J].Surfactant Sci.Ser. 1999. 207-250.

[187] Stumm W. . Chemistry of the solid-water interface: processes at the mineral-water and particle-water interface in natural systems[J].John Wiley & Son Inc.1992.

[188] Subrahmanyam T. V, Forssberg E. . Froth stability, particle entrainment and drainage in flotation—a review[J].Int.J. Miner. Process. 1988. 23, 33-53.

[189] Xu Z., Liu J., Choung J. W., et al. Electrokinetic study of clay interactions with coal in flotation[J].Int.J. Miner. Process. 2003. 68, 183-196.

[190] Avery R. G., Ramsay J. D. F. . Colloidal properties of synthetic hectorite clay dispersions. II. Light and small angle neutron scattering[J].J. Colloid Interface Sci. 1986. 109, 448-454.

[191] Cebula D. J., Thomas R. K., White J. W. . Small angle neutron scattering from dilute aqueous dispersions of clay[J].J. Chem. Soc. Faraday Trans. 1980. 1 76, 314-321.

[192] Ferrage E., Lanson B., Sakharov B. A., et al. Investigation of dioctahedral smectite hydration properties by modeling of X-ray diffraction profiles: Influence of layer charge and charge location[J].Am.Mineral. 2007. 92, 1731-1743.

[193] Lagaly G. . From clay mineral crystals to colloidal clay mineral dispersions[J].Surfactant Sci. Ser. 427. 1993.

[194] Nadeau P. H. . The Physical Dimensions of Fundamental Clay Particles[J].Clay Miner.1985. 20, 499-514.

[195] Norrish K. . The swelling of montmorillonite. Discuss. Faraday Soc. 1954. 18, 120.

[196] Norrish K., Rausell-Colom J. A. . Effect of Freezing on the Swelling of Clay Minerals[J].Clay Miner.1962. 5, 9-16.

[197] Schramm L. L. . Influence of Exchangeable Cation Composition on the Size and Shape of Montmorillonite Particles in Dilute Suspension[J].Clays Clay Miner.1982. 30, 40-48.

[198] Sposito G., Prost R., Gaultier J. P. . Infrared spectroscopic study of adsorbed water on reduced-charge Na/Li-montmorillonites[J].Clays Clay Miner.1983. 31, 9-16.

[199] Ammann L., Bergaya F., Lagaly G. . Determination of the cation exchange capacity of clays with copper complexes revisited[J].Clay Miner.2005. 40, 441-453.

[200] Anderson R. L., Ratcliffe I., Greenwell H. C., et al. Clay swelling - A challenge in the oilfield[J].Earth-Science Rev.2010. 98, 201-216.

[201] Avena M. J., Cabrol R., Pauli C. P. D. E. . Study of some physicochemical properties of pillared montmorillonites: acid-base potentiometric titrations and electrophoretic measurements[J]. 1990. 38, 356-362.

[202] Bishop J. L., Pieters C. M., Edwards J. O. . Infrared spectroscopic analyses on the nature of water in montmorillonite[J].Clays Clay Miner.1994. 42, 702-716.

[203] Chang F. R. C., Skipper N. T., Sposito G. . Computer-Simulation of Interlayer Molecular-Structure in Sodium Montmorillonite Hydrates[J].Langmuir.1995. 11, 2734-2741.

［204］Chilom G., Rice, J. A. . Organic Pollutants in the Environment［J］.eMagRes.2013.

［205］Coulon H., Lajudie A., Debrabant P., et al. Choice of French Clays as Engineered Barrier Cokponents for Waste Disposal, in: MRS Proceedings ［J］. Cambridge Univ Press, p. 813. 1986.

［206］Delville A., Laszlo P. . Simple results on cohesive energies of clays from a Monte Carlo calculation［J］.New J. Chem. 1989. 13, 481-491.

［207］Galle C. . Gas migration and breakthrough pressure in a compacted clay for the engineered barrier of a deep disposal［J］.Bull.la Soc. Geol. Fr. 675-680. 1998.

［208］Gimmi T., Kosakowski G. . How mobile are sorbed cations in clays and clay rocks? Environ ［J］.Sci.Technol. 2011. 45, 1443-1449.

［209］Graham R. C. . Soil Mineralogy with Environmental Applications［J］. Vadose Zo. J. 2004. 3, 724.

［210］Israelachvili J. N. . Interactions Involving Polar Molecules ［J］. Intermol. Surf. Forces 71-90. 2011.

［211］Johnston C. T., Sposito G., Erickson C. . Vibrational probe studies of water interactions with montmorillonite［J］.Clays Clay Miner. 1992. 40, 722-730.

［212］Malikova N., Cadènea A., Dubois E., et al. Water diffusion in a synthetic hectorite clay studied by quasi-elastic neutron scattering［J］.J. Phys. Chem. C. 2007. 111, 17603-17611.

［213］Mekhamer W. K., Assaad F. F. . Flocculation and Coagulation of Ca- and K-Saturated Montmorillonite in the Presence of Polyethylene Oxide［J］.1998. 659-662.

［214］Montes-H G., Marty N., Fritz B., et al. Modelling of long-term diffusion-reaction in a bentonite barrier for radioactive waste confinement［J］.Appl.Clay Sci. 2005. 30, 181-198.

［215］Morodome S., Kawamura K. . In situ X-ray diffraction study of the swelling of montmorillonite as affected by exchangeable cations and temperature［J］.Clays Clay Miner.2011. 59, 165-175.

［216］Rinnert E., Carteret C., Humbert B., et al. Hydration of a synthetic clay with tetrahedral charges: A multidisciplinary experimental and numerical study［J］.J. Phys. Chem. B. 2005. 109, 23745-23759.

［217］Russell J. D., Farmer V. C. . Infra-Red Spectroscopic Study of the Dehydration of Montmorillonite and Saponite［J］.Clay Miner.1964. 5, 443-464.

［218］Segad M., Jönsson B., Åkesson T., et al. Ca/Na montmorillonite: Structure, forces and swelling properties［J］.Langmuir. 2010. 26, 5782-5790.

［219］Sun L., Tanskanen J. T., Hirvi J. T., et al. Molecular dynamics study of montmorillonite crystalline swelling: Roles of interlayer cation species and water content［J］.Chem.Phys. 2015. 455, 23-31.

［220］Wang J., Kalinichev A. G., Kirkpatrick R. J. . Effects of substrate structure and composition on the structure, dynamics, and energetics of water at mineral surfaces: A molecular dynamics modeling study［J］.Geochim.Cosmochim. Acta. 2006. 70, 562-582.

［221］Xu W. Z., Johnston C. T., Parker P., et al. Infrared study of water sorption on Na-, Li-,

Ca and Mg- exchanged (SWy-1and SAz-1) montmorillonite[J].Clays Clay Miner. 2000. 48, 120-131.

[222] Zachara J. M., Serne J., Freshley M., et al. Geochemical processes controlling migration of tank wastes in Hanford's vadose zone[J].Vadose Zo.J. 2007. 6, 985-1003.

[223] Alexandre M., Dubois P. . Polymer-layered silicate nanocomposites: preparation, properties and uses of a new class of materials. Mater[J].Sci.Eng. R Reports. 2000. 28, 1-63.

[224] Babel S., Kurniawan T. A. . Low-cost adsorbents for heavy metals uptake from contaminated water: a review[J].J. Hazard. Mater. 2003. 97, 219-243.

[225] Carretero M. I. . Clay minerals and their beneficial effects upon human health. A review. Appl. Clay Sci. 2002. 21, 155-163.

[226] Choy J. -H., Choi S. -J., Oh J. -M., et al. Clay minerals and layered double hydroxides for novel biological applications[J].Appl.Clay Sci. 2007. 36, 122-132.

[227] Gogate P. R. . Cavitational reactors for process intensification of chemical processing applications: a critical review[J].Chem.Eng. Process. Process Intensif. 2008. 47, 515-527.

[228] Jackson M. L. . Soil chemical analysis: advanced course [J].UW-Madison Libraries Parallel Press.2005.

[229] Kaczmarek H., Podgórski A. . The effect of UV-irradiation on poly (vinyl alcohol) composites with montmorillonite[J].J. Photochem. Photobiol. A Chem. 2007. 191, 209-215.

[230] Kojima Y., Usuki A., Kawasumi M., at al. One - pot synthesis of nylon 6-clay hybrid[J]. J. Polym. Sci. Part A Polym. Chem. 1993. 31, 1755-1758.

[231] Murray H. H. . Traditional and new applications for kaolin, smectite, and palygorskite: a general overview[J].Appl.Clay Sci. 2000. 17, 207-221.

[232] Ray S. S., Okamoto M. . Polymer/layered silicate nanocomposites: a review from preparation to processing[J].Prog.Polym. Sci. 2003. 28, 1539-1641.

[233] Wang K., Chen L., Kotaki M., et al. Preparation, microstructure and thermal mechanical properties of epoxy/crude clay nanocomposites [J].Compos.Part A Appl. Sci. Manuf. 2007. 38, 192-197.

[234] Wang Z., Pinnavaia T. J. . Hybrid organic-inorganic nanocomposites: exfoliation of magadiite nanolayers in an elastomeric epoxy polymer[J].Chem.Mater. 1998. 10, 1820-1826.

[235] Yu L., Dean K., Li L. . Polymer blends and composites from renewable resources[J].Prog. Polym. Sci. 2006. 31, 576-602.

[236] Zhang Z., Liao L., Xia Z., et al. Montmorillonite-carbon nanocomposites with nanosheet and nanotube structure: Preparation, characterization and structure evolution[J]. Appl. Clay Sci. 2012. 55, 75-82.

[237] Norrish K. t. Low-angle X-ray diffraction studies of the swelling of montmorillonite and vermiculite[J].Clays Clay Miner. 1961. 10, 123-149.

[238] Swenson J., Bergman R., Longeville S. A neutron spin-echo study of confined water[J]. J. Chem. Phys. 2001. 115, 11299-11305.

［239］ Hongliang Li, Shaoxian Song, Xianshu Dong, et al. Molecular Dynamics Study of Crystalline Swelling of Montmorillonite as Affected by Interlayer Cation Hydration. JOM, 2017, 1: 1-6.

［240］ Hongliang Li, Shaoxian Song, Yunliang Zhao, et al. Comparison Study on the Effect of Interlayer Hydration and Solvation on Montmorillonite Delamination ［J］. JOM, 2017, 69 (2): 254-260.

［241］ Hongliang Li, Yunliang Zhao, Tianxing Chen, et al. Restraining Na-montmorillonite Exfoliation in Water by Adsorption of Sodium Dodecyl Sulfate or Octadecyl Trimethyl Ammonium Chloride on the Edges［J］.Minerals,2016, 6 (87): 1-10.

［242］ Hongliang Li, Yunliang Zhao, Shaoxian Song, et al, Delamination of Na-montmorillonite Particles in Aqueous Solutions and Isopropanol Under Shear Forces, Journal of Dispersion Science and Technology［J］.2016, 38 (8): 1117-1123.

［243］ Hongliang Li, Yunliang Zhao, Shaoxian Song, et al. Comparison of Ultrasound Treatment with Mechanical shearing for Montmorillonite Exfoliation in Aqueous Solutions［J］.Journal of Minerals,2015, 2 (1): 1-12.

［244］ 李宏亮，闵凡飞，彭陈亮. 不同 Ca^{2+} 浓度及 pH 值溶液中高岭石颗粒表面 Zeta 电位模拟［J］.中国矿业大学学报,2013, 42 (4): 631-637.

［245］ Tianxing Chen, Yunliang Zhao, Shaoxian Song, et al. Effects of Colloidal Montmorillonite Particles on the Froth Flotation of Graphite, Galena and Fluorite［J］.Physicochemical Problems of Mineral Processing,2017, 53 (2): 699-713.

［246］ Yunliang Zhao, Hao Yi, Feifei Jia, et al. A Novel Method for Determining the Thickness of Hydration Shells on Nanosheets: A Case of Montmorillonite in Water Powder technology［J］. 2017, 306 (10): 47-49.

［247］ Jia Liu, Yunliang Zhao, Tianxing Chen, et al. Stability of Na-montmorillonite Suspension in the Presence of Different Cations and Valences. Journal of Dispersion Science and Technology ［J］.2017, 38 (7): 1035-1040.

［248］ Tianxing Chen, Yunliang Zhao, Jia Liu, et al. Electrokinetic Characteristics of Calcined Kaolinite In Aqueous Electrolytic Solutions［J］.Surface Review and Letters. 2015. 22 (3): 1-5.